科创教育

- 基于 123D Design 软件
- 16 个创意项目激发想象力
- 经验值激励方式，让学习更快乐

奇妙的3D世界

轻松玩转 3D 打印设计

■ 雷刚 徐静　主编 ■ 王康 杜涛　副主编

人民邮电出版社
北京

图书在版编目（CIP）数据

奇妙的3D世界 : 轻松玩转3D打印设计 / 雷刚，徐静主编. -- 北京 : 人民邮电出版社，2023.1
（科创教育）
ISBN 978-7-115-59945-2

Ⅰ. ①奇… Ⅱ. ①雷… ②徐… Ⅲ. ①快速成型技术 Ⅳ. ①TB4

中国版本图书馆CIP数据核字(2022)第160257号

内 容 提 要

近些年，众多学校建设创客教室，开设 3D 打印课程，教学多以社团活动课的形式开展，大部分学校由教师带领一小部分学生开展非系统化的学习。在以社团活动课的形式开展3D打印教学过程中，大部分教学是“学”的比重大于“创”的比重，忽视了学生创新能力的培养。

本书以虚拟故事为线索，以生活中的常见物品为设计脉络，利用 123D Design 软件将设计工具的学习、3D 打印创意设计通过 16 个项目进行呈现。孩子们在学习的过程中，每个环节都有对应的激励方式，通过智慧豆和经验值的奖励，鼓励孩子们不断创新，积极参与 3D 打印学习活动。

本书适合 3D 打印技术初学者、小学高年级学生、初中年级学生，以及创客教学机构参考。

◆ 主　　编　雷　刚　徐　静
副 主 编　王　康　杜　涛
责任编辑　哈　爽　曹小雅
责任印制　马振武

◆ 人民邮电出版社出版发行　　北京市丰台区成寿寺路 11 号
邮编　100164　　电子邮件　315@ptpress.com.cn
网址　https://www.ptpress.com.cn
北京瑞禾彩色印刷有限公司印刷

◆ 开本：787×1092　1/16
印张：9.75　　　　2023 年 1 月第 1 版
字数：183 千字　　2023 年 1 月北京第 1 次印刷

定价：79.80 元

读者服务热线：(010) 81055493　印装质量热线：(010) 81055316
反盗版热线：(010) 81055315
广告经营许可证：京东市监广登字 20170147 号

编委会

目录

项目 1　我的书签有创意

蛋蛋、橙子来到教室找小艾，小艾正捧着一本书津津有味地读着。

蛋蛋（催促着）：“小艾，又在看书呀，走啦走啦，院长马上就要宣布今年设计师大赛的获奖名单了，赶紧去看看吧。”

小艾（捧着书）：“我就看完这一页，马上就好！”

橙子（递来纸质书签）：“别磨蹭了，插上书签不就好啦。”

蛋蛋（一把扯过书签）：“哎呀，不好意思！这纸书签也太不结实了……”

书签被撕破了，一半在橙子手里，一半在蛋蛋掌心。

小艾：“我的书签……”

蛋蛋：“对不起！”

橙子：“我会做个结实耐用的书签补偿你。求你啦，咱们赶紧去参加颁奖大会吧。”

小艾无可奈何地合上书，跟随蛋蛋、橙子走出了教室。

蛋蛋觉得纸质的书签太容易被损坏了，他准备用 3D 建模和打印的方式帮小艾制作书签。同学们也来试试吧，看看谁的书签设计得最有创意，3D 打印书签示例如图 1-1 所示。

图1-1　3D打印书签示例

个人任务

成功制作书签（任务奖励：2颗智慧豆）。

3D打印书签制作参考如图1–2所示。

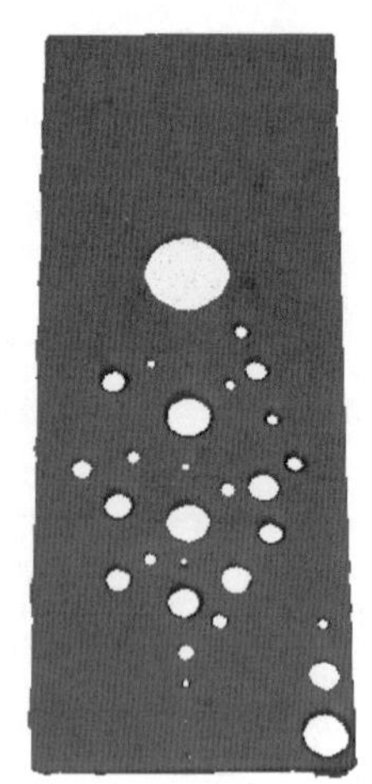

图1–2　3D打印书签制作参考

团队任务

1. 了解制作书签的材料（任务奖励：每位成员增加50经验值）。

2. 了解与书签有关的诗词（任务奖励：每位成员增加50经验值）。

3. 制作多款3D打印书签，探究哪种书签最耐用（任务奖励：每位成员增加50经验值）。

行动计划

1. 组成活动小组，小组成员之间展开讨论，确定分工，填写表1–1。

表1-1　＿＿＿＿＿＿小组行动计划

作品名称		组长	
人员分工			
具体工作		参与成员	完成时间
使用123D Design设计制作书签3D模型			
了解制作书签的材料			
了解与书签有关的诗词			
探究哪种书签最耐用			

2. 设计草图。设计属于自己的创意书签，画出设计草图。

我的设计草图

3. 建模分析。分析自己设计的书签，想想会用到哪些几何体，如何设计这些几何体的尺寸，再找出绘制这些几何体将会用到的建模工具，把你的建模分析填入表 1–2 中。

表 1-2　建模分析记录表

建模内容	尺寸设计	建模工具
书签主体：长方体	长：______mm 宽：______mm 高：______mm	基本体——长方体
书签图案 1：圆柱体	半径：______mm	基本体——______
组合书签主体和书签图案		合并——______

行动指南

按照计划进行设计与创作，在此过程中根据团队实际情况，不断完善初始设计方案，改进作品效果。

训练营

图 1–3 所示的是使用 123D Design 建立的创意书签模型。第 1 步在软件界面上放置一个大小合适的长方体来绘制书签主体。第 2 步在软件界面上放置一个直径略大的圆柱体，将其作为书签的基本图案。第 3 步将圆柱体移动到长方体上方。第 4 步用移动工具让圆柱体和长方体相交。第 5 步使用相减工具得到圆孔。重复第 2 步到第 5 步，最终得到合适的图案。

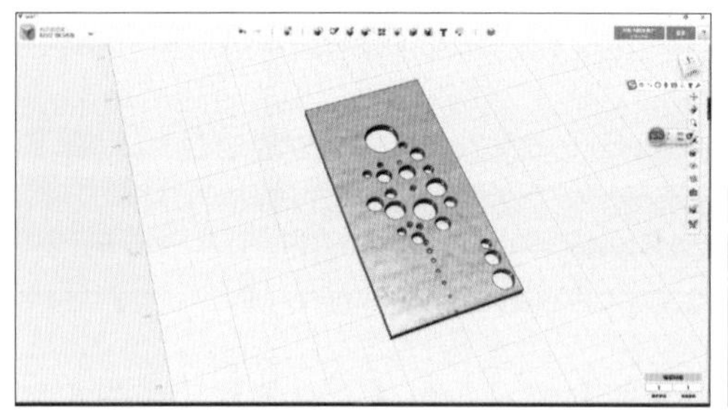
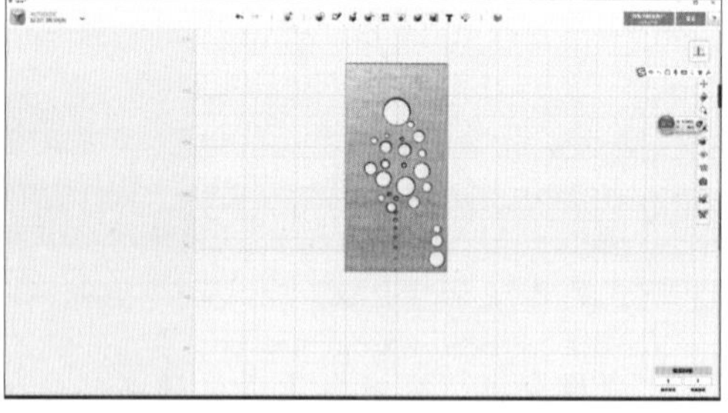

图1–3　创意书签模型

1. 制作书签的主体

1　打开 123D Design 图形化建模软件，进入软件界面。

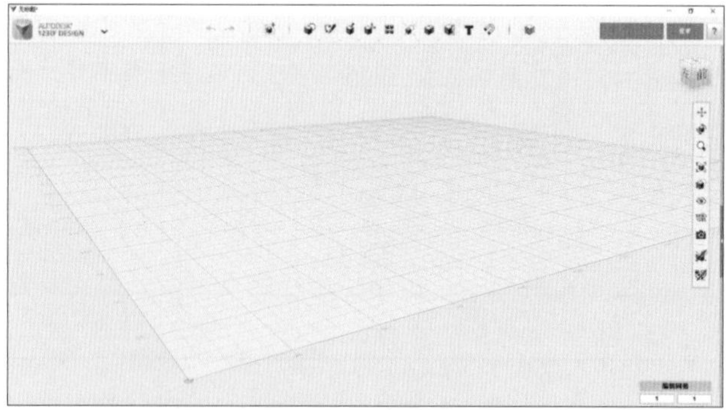

2 使用“基本体”工具栏中的“长方体”工具。

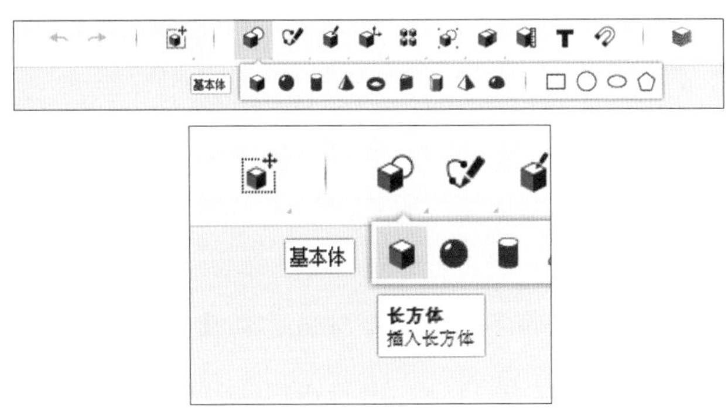

3 单击“长方体”工具，创建一个长方体，将其作为书签的主体。

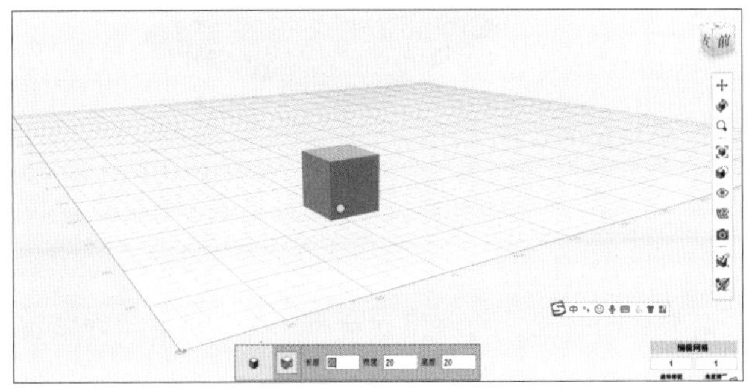

4 注意观察，在确定长方体的放置位置之前，长方体的底面会有一个白色的小圆圈，这是底面的中心，修改长方体的尺寸需要在确定长方体的放置位置之前完成。未确定长方体的放置位置之前，屏幕下方会有长方体的尺寸数值输入框，在输入框中分别键入 100、50、3，修改长方体的长度、宽度、高度数值，尺寸单位为 mm。

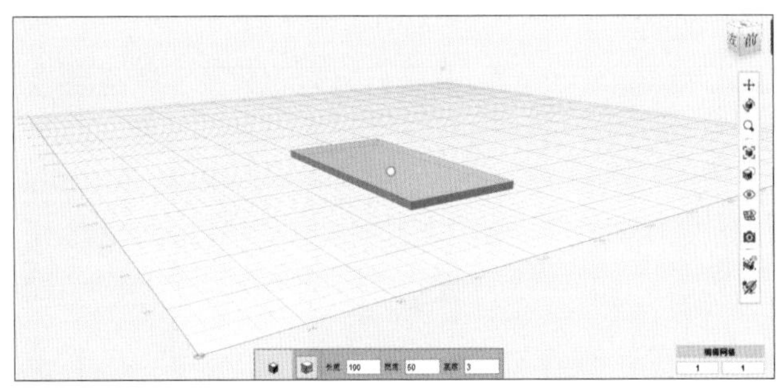

5 设定好长方体的长度、宽度、高度后，在适当的位置单击鼠标右键，就会自动完成长方体的创建。单击长方体，就可以在栅格上拖动长方体，以确定它的位置。如果长方体离开了栅格，可以按D键，让长方体自动吸附到栅格上。

2. 制作书签图案

1 在“基本体”工具栏中找到“圆柱体”工具，单击“圆柱体”工具，在长方体上方绘制圆柱体，并将圆柱体的半径修改为3mm，高度不变。

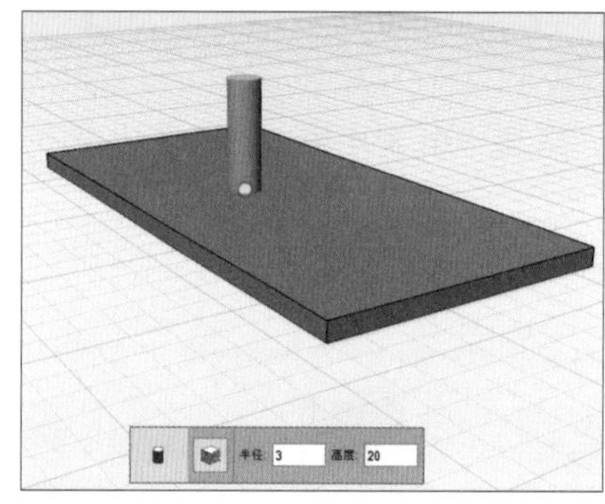

2 将圆柱体拖放到合适的位置，将视图切换为“上”视图（即顶视图），观察圆柱体是否被放置在中心位置。

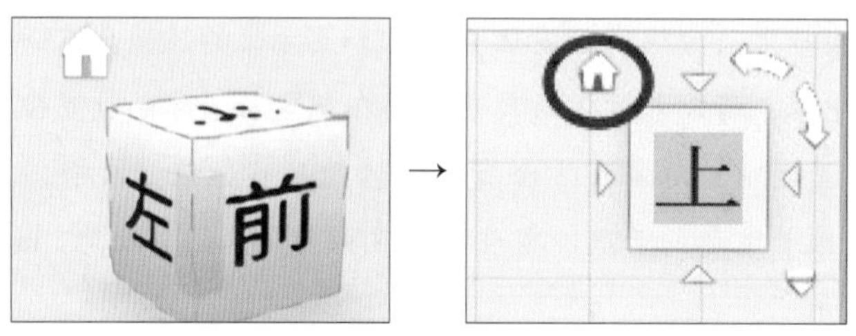

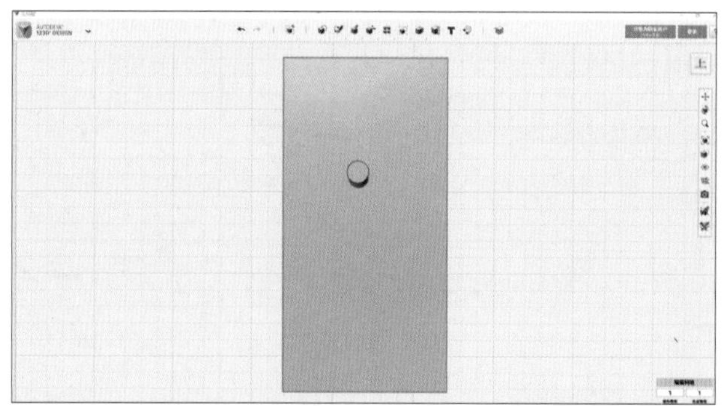

3 如果圆柱体未被放置在中心位置，单击圆柱体，在屏幕下方出现的工具栏中，单击“移动”工具，单击圆柱体上方出现的右箭头，拖动圆柱体向右移动。

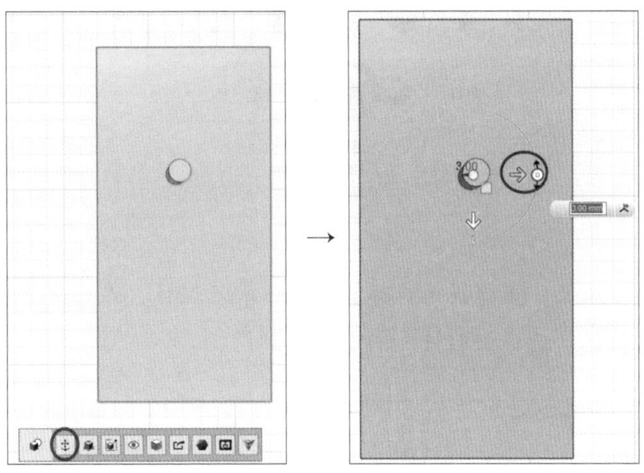

4 将视图切换为正向视图，观察圆柱体是否与长方体相交，如果圆柱体只是位于长方体上方，单击圆柱体上方的箭头，向下拖动圆柱体使它与长方体相交。

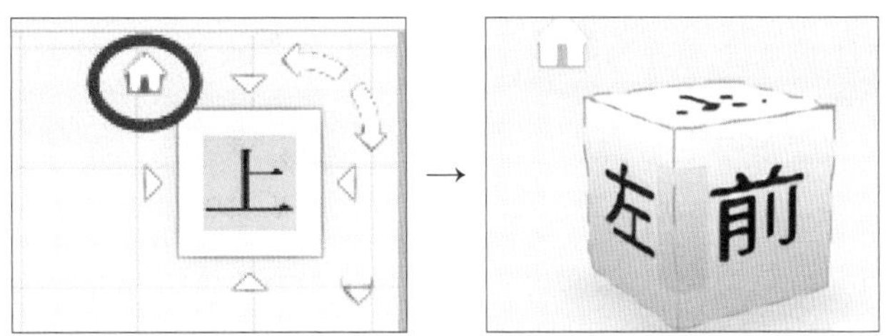

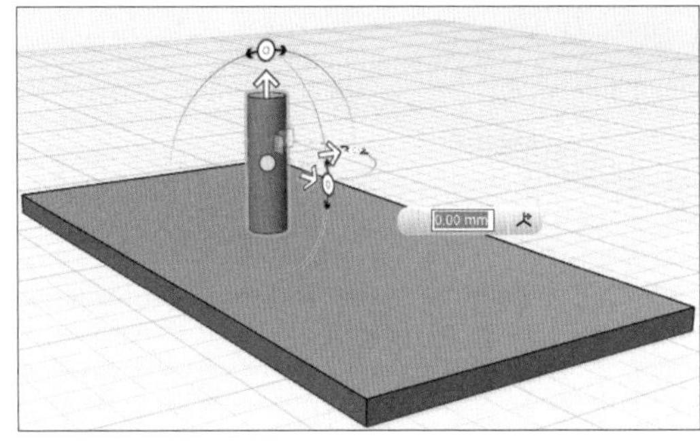

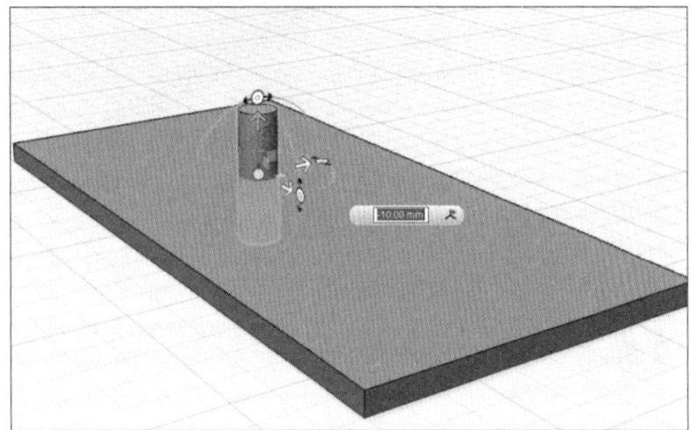

5 使用“相减”工具。

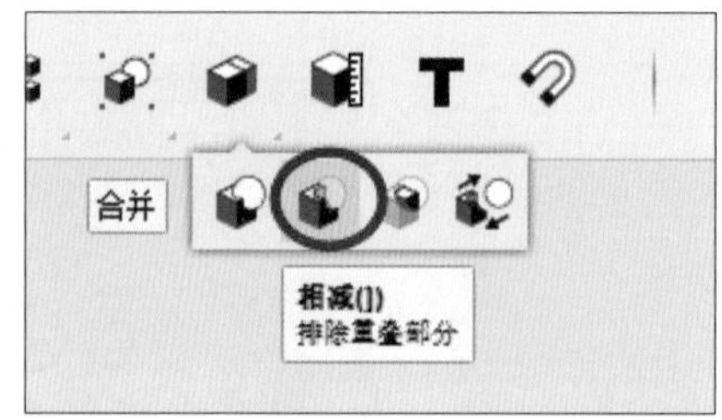

6 单击“相减”工具，根据提示选择目标实体和源实体，在这里目标实体是长方体，源实体是圆柱体，选择好后键入回车键得到圆孔。

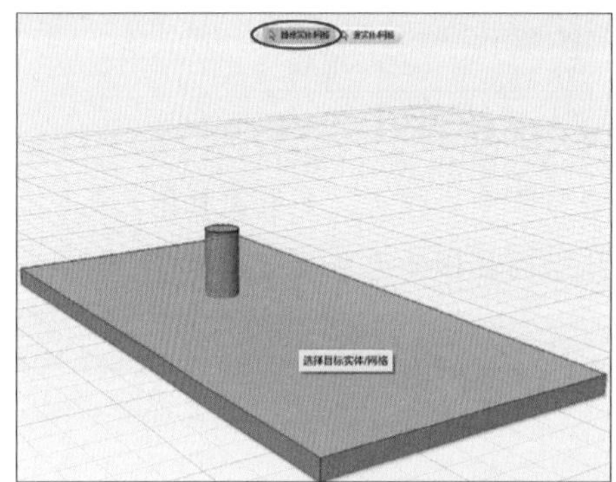

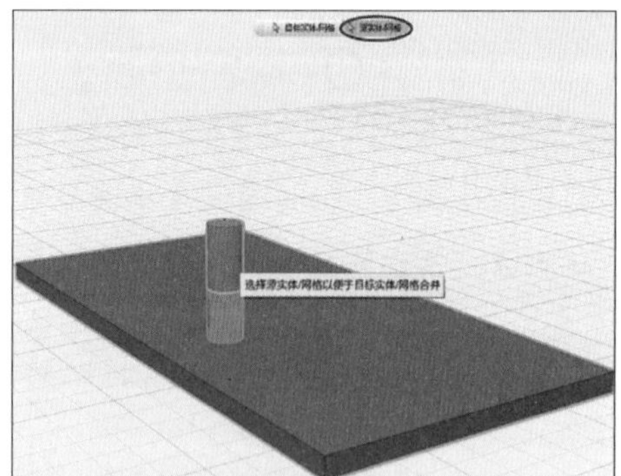

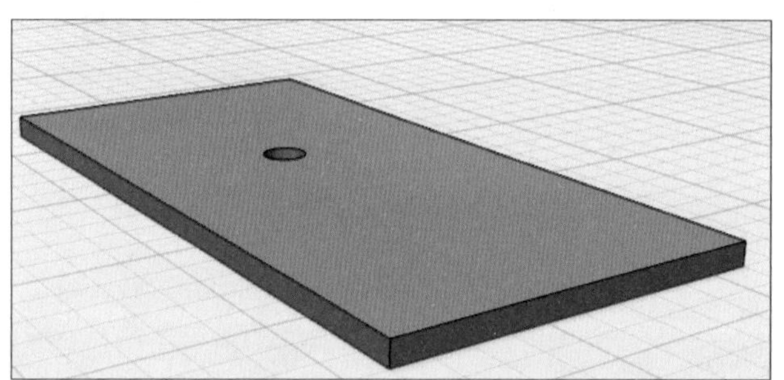

7 重复以上步骤，最终得到喜爱的图案。

加油站

为了方便查看阅读的位置，常常在书签顶部设有挂绳或者其他标识阅读位置的设计。想一想，该如何设计你的书签呢？（拓展任务奖励：2颗智慧豆。）

博物院

图1-4　睡虎地秦墓竹简

书签是为方便标记阅读的位置，记录阅读进度而产生的。在我国，最早的书签出现于春秋时期，人们把篇名写在竹木简的简背或者赘简上，也就是将篇名写在卷前的空白简上，只要拿起简牍，就能了解简牍中的基本内容。简背和赘简这时就起到了书签的作用。睡虎地秦墓竹简如图 1-4 所示。

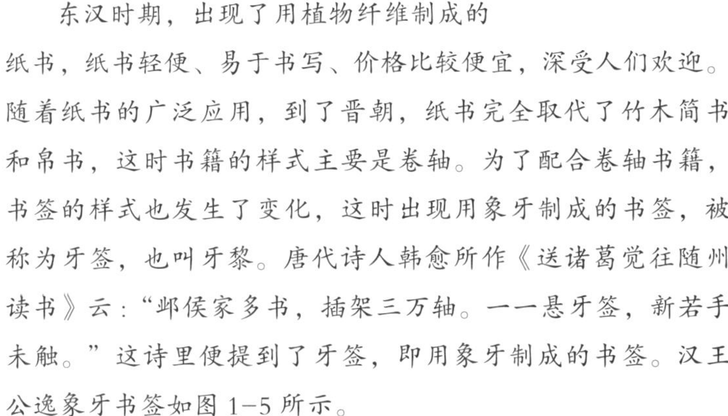

东汉时期，出现了用植物纤维制成的纸书，纸书轻便、易于书写、价格比较便宜，深受人们欢迎。随着纸书的广泛应用，到了晋朝，纸书完全取代了竹木简书和帛书，这时书籍的样式主要是卷轴。为了配合卷轴书籍，书签的样式也发生了变化，这时出现用象牙制成的书签，被称为牙签，也叫牙黎。唐代诗人韩愈所作《送诸葛觉往随州读书》云："邺侯家多书，插架三万轴。一一悬牙签，新若手未触。"这诗里便提到了牙签，即用象牙制成的书签。汉王公逸象牙书签如图 1-5 所示。

图1-5　汉王公逸象牙书签

随着书籍变薄，书签也变薄了，古人会用骨片或纸板制成书签，有的书签还在薄片上贴一层有花纹的绫绢，由原来单一的标记功能扩展到艺术欣赏，如唐代诗人杜甫的《题柏大兄弟山居屋壁二首》中就有"笔架沾窗雨，书签映隙曛。"，为读书平增意境之美。古籍书签如图 1-6 所示。

现代造纸机器的发明使书籍册页装盛行，书签也发展成我们今天看到的书签模样。书签的样式因为制作材料和制作手法的提升，也有较大的发展。

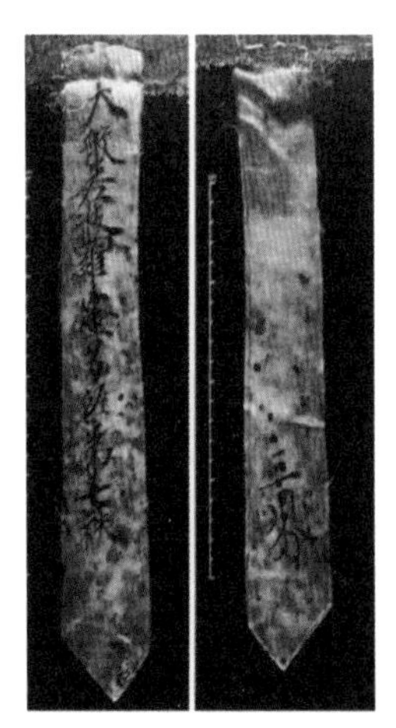

图1-6　古籍书签

行动记录

以图文形式，将在探索、制作过程中的收获或遇到的问题记录在表 1-3 中。

表 1-3　行动记录表

我探索的步骤是	
我探索的主要成果有	
我学会了	
我还需要做到	

任务评定

1. 作品展示

收集作品，在现场或通过网络平台进行作品展示。活动小组内部讨论展示计划，各活动小组推选“发言人”对成果进行介绍。

根据展示情况，将对各活动小组作品的评价和建议填写在表 1-4 中。

表 1-4　作品评价反馈表

小组或作品名称	作品闪光点	可改进建议

2. 表现评定

通过自评或互评的方式，统计个人在活动中的表现，思考后期努力的方向，将表现记录在表 1–5 中。

表 1-5　表现评定表

记录人：　　　　　　　　　　记录时间：

<table>
<tr><td colspan="2">本次活动获得智慧豆</td><td colspan="2"></td><td>总智慧豆</td><td></td></tr>
<tr><td colspan="2">本次活动获得经验值</td><td colspan="2"></td><td>总经验值</td><td></td></tr>
<tr><td rowspan="2">当
前
级
别</td><td rowspan="2">□实习生
□设计师助理
□初级设计师
□中级设计师
□高级设计师
□资深设计师
□设计总监</td><td rowspan="2">是否申请升级？
□是
□否</td><td colspan="3">审核确认升级：</td></tr>
<tr><td colspan="3">后期努力的方向：</td></tr>
</table>

项目 2　精准的毫厘之间

阿杜在大伙的簇拥下，捧着设计师大赛冠军奖杯得意地走进教室。

浩哥："真没想到！阿杜这小子真的拿到了今年的设计师大赛冠军！他是怎么做到的？"

小艾："阿杜设计的飞行器笔盒构思确实巧妙，还能分层分区收纳，确实高我们一筹。"

阿杜："早就跟你们提前公布比赛结果啦，还不信！嘿嘿！"

浩哥："让你小子得意一回！"

小艾："浩哥，话说回来上次看你的小熊笔设计得挺可爱的，怎么连优秀奖都没有啊？"

浩哥："呃……别提啦……我把 15cm 长的笔设置成 15mm 了，打印出来才发现只比我的指甲长一点，可惜那个时候没法改了。"

小艾："唉，太可惜了！这可真是'失之毫厘，谬以千里'啊！"

建模中输入的长度单位一般默认为 mm，即毫米。浩哥在设置长度时，没有进行长度单位转换，错把厘米数设为了毫米数，大家一起来制作一把标准尺送给浩哥，帮助他精准认识长度吧。

个人任务

制作一把标准尺（任务奖励：2 颗智慧豆）。

标准尺示例如图 2-1 所示。

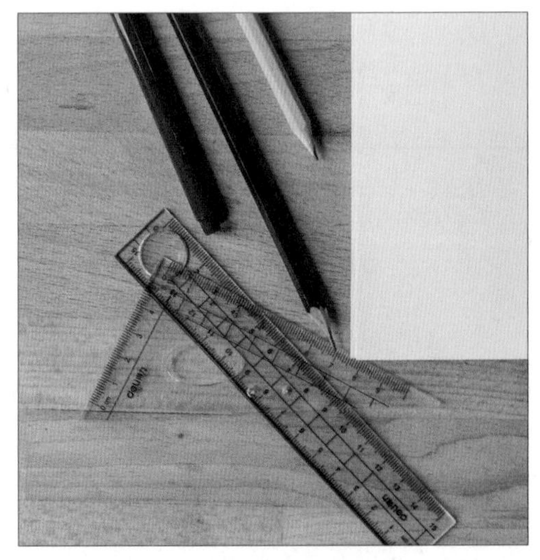

图2-1　直尺与三角尺

团队任务

1. 能说出长度单位间的换算关系，如厘米与毫米、厘米与米之间的换算公式等（任务奖励：每位成员增加 20 经验值）。

2. 自主设计一把标准尺，刻度清晰、准确，方便测量（任务奖励：每位成员增加 50 经验值）。

3. 测量身边的物品，并记录它们的长度（任务奖励：每位成员增加 30 经验值）。

行动计划

1. 组成活动小组，小组成员之间展开讨论，确定分工，填写表 2-1。

表 2-1 ____________ 小组行动计划

作品名称		组长	
人员分工			
具体工作		参与成员	完成时间
了解长度单位间的换算关系			
明确标准尺的使用者和使用需求			
设计标准尺的外观造型			
使用 123D Design 设计制作标准尺			
通过测量物品，测试作品			

2. 设计草图。设计属于自己的标准尺，画出设计草图。

我的设计草图

行动指南

按照计划进行设计与创作，在此过程中根据团队实际情况，不断完善初始设计方案，改进作品效果。

训练营

1．绘制标准直尺主体

1 调整视图。单击视图导航图标“上”，将视图模式调整为“上”视图（即顶视图），并适当放大。

2 绘制梯形草图。首先，需要选择绘制平面。在“上”视图网格中单击鼠标，即以默认的网格所在平面进行绘制。此外，还可以在实体的某个面或已有草图中进行绘制。

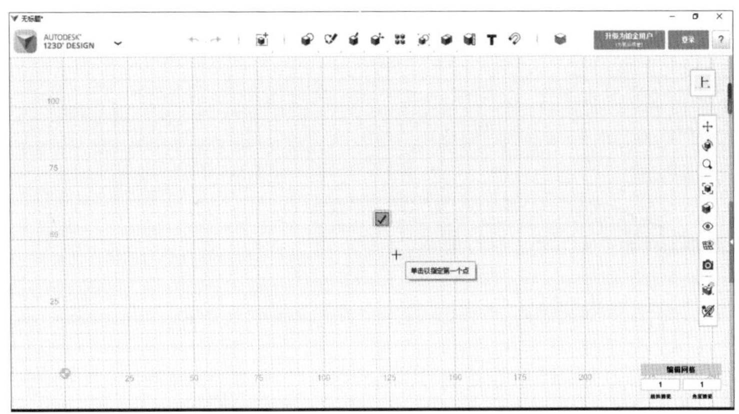

在使用“草图”工具绘制图形时，有一个开始和结束草图的过程。进入草图状态后，屏幕上会出现绿色背景的对钩图标，意味着此时进入了2D图形绘制状态，与在“画图”软件中绘制平面图形很相似。当绘制图形结束后，单击绿色的对钩图标就会退出草图状态，网格就会返回到默认位置。

单击选取“草图”工具栏中的“多段线”工具，鼠标再移动到屏幕中间位置，绘制出截面草图（图中距离单位均为mm），这就是直尺的截面图。

直尺的锐角部分最好保留0.2mm的高度，这样可以使打印出来的直尺边缘更平整。

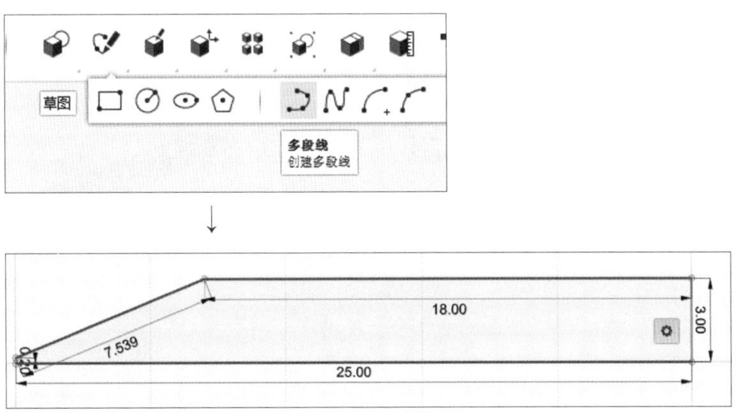

3 拉伸。单击选取“拉伸”工具，对梯形平面进行拉伸，拉伸距离为 160mm。此时我们制作的是一把 15cm 的直尺，但直尺全长要比测量刻度至少多 1cm。

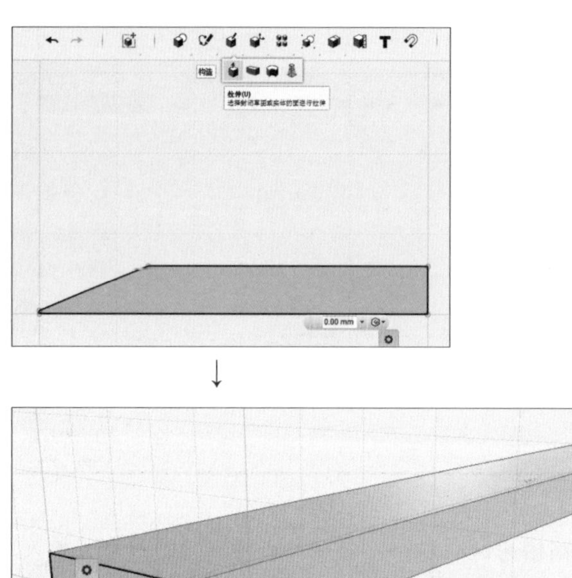

2. 旋转并移动直尺

1 旋转直尺。单击选取“变换”工具栏中的“移动 / 旋转”工具，将直尺模型平放于网格上。

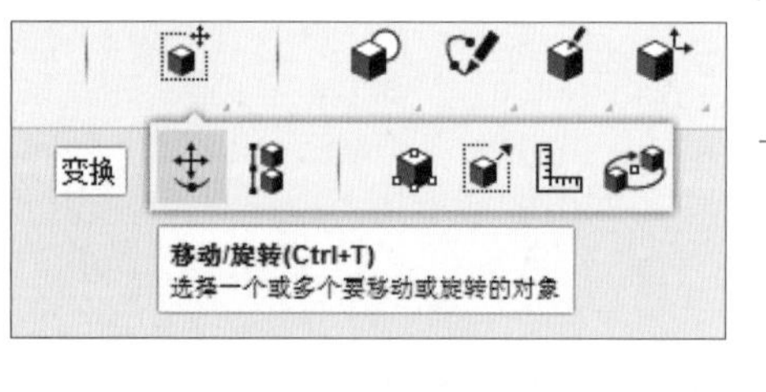

→

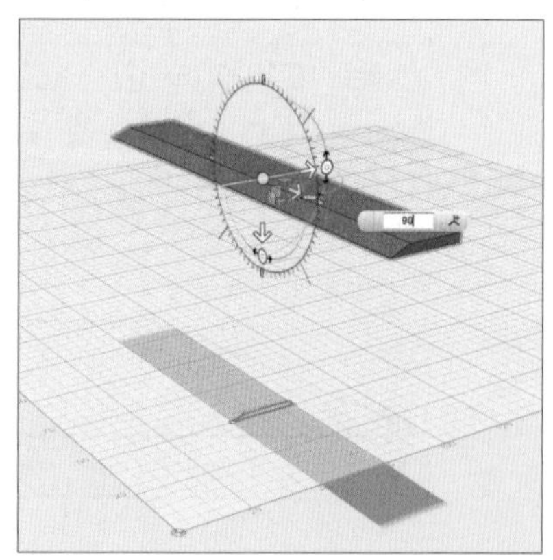

2 移动直尺。将直尺向下（Z 轴方向）移动并平放（向 X 轴和 Y 轴方向移动）在网格中心位置，直尺的制作就完成了。

最后，记得将刻度贴纸对齐直尺边缘，贴放在直尺的坡面上，这样可以帮助使用者更方便地测量和读取刻度数。

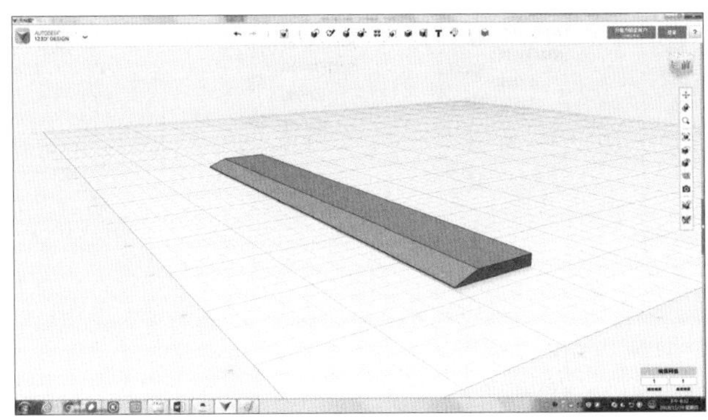

3. 制作刻度线

想一想：仔细观察一下，直尺上的刻度线是有规律的，你想设计的直尺拥有哪几种刻度线？每种刻度线分别具有什么规律？将你对直尺刻度的观察记录在表 2-2 中。

表 2-2 刻度观察表

刻度线间距（单位：mm）	数量（单位：根）	刻度线特征
10	16	细长、醒目、标有数字

从观察中可以发现，量程 15cm 的直尺一共有 16 根间隔 1cm 的刻度线，分别对应数字 0~15。此外，一般还会在直尺上标注间距分别为 5mm、1mm，甚至 0.5mm 的刻度线。发现刻度线的规律后，我们就可以使用“阵列”命令来批量制作刻度线了。

制作 1cm 刻度线的具体操作步骤如下。

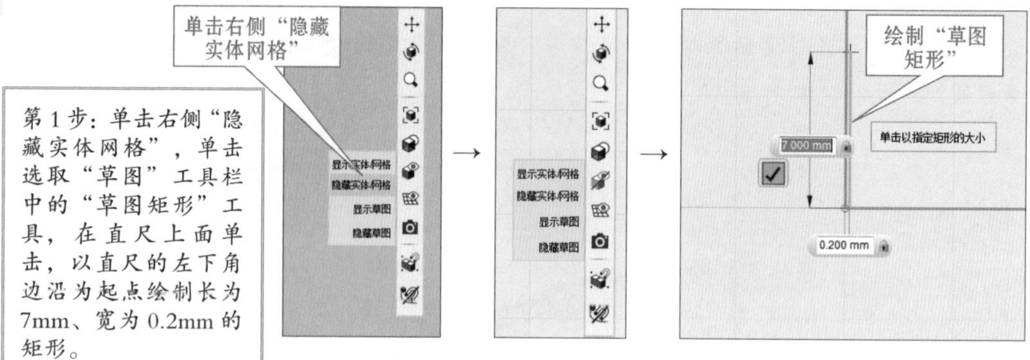

第 1 步：单击右侧“隐藏实体网格”，单击选取“草图”工具栏中的“草图矩形”工具，在直尺上面单击，以直尺的左下角边沿为起点绘制长为 7mm、宽为 0.2mm 的矩形。

第 2 步：单击选取“拉伸”工具，对矩形进行拉伸，拉伸距离为 0.2mm。

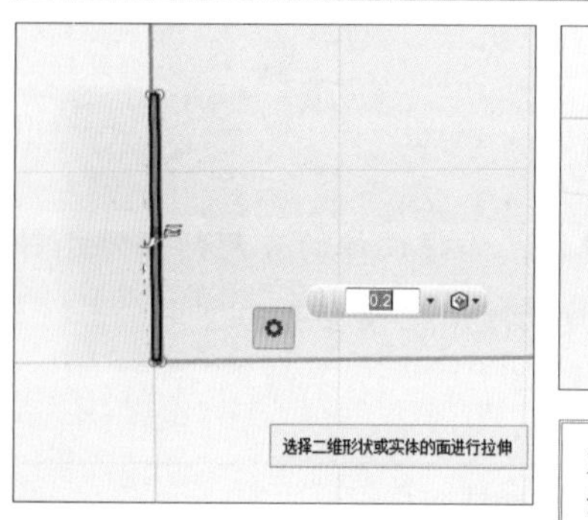

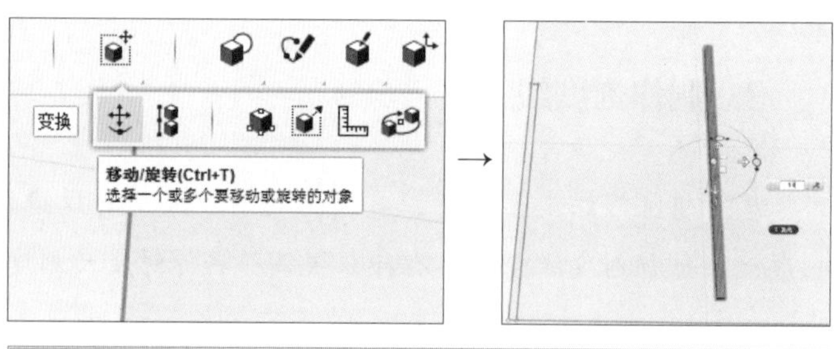

第 3 步：单击选取“变换”工具栏中的“移动 / 旋转”工具，沿 Z 轴方向移动 1.8mm，沿 X 轴方向向右移动 5mm。

第 4 步：单击右侧“显示实体 / 网格”，单击选取“阵列”工具栏中的“路径阵列”工具，“实体”选择小矩形体，“方向”选择尺体的边长，“阵列数目”键入 16，“间距”键入 150mm，然后单击确定，完成。

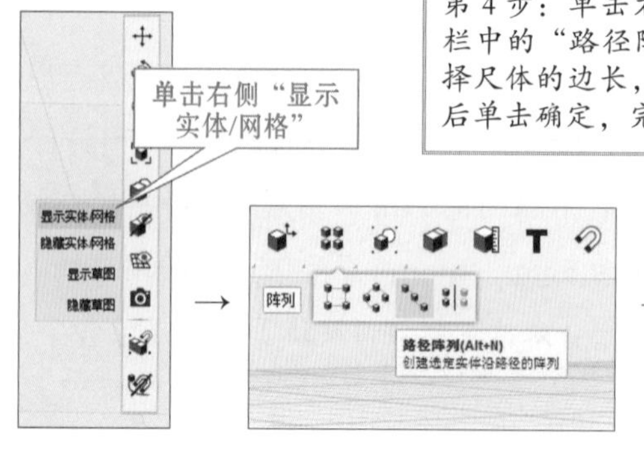

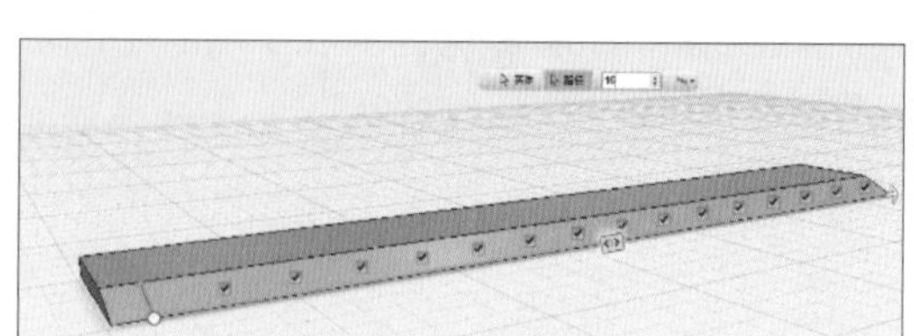

根据1cm刻度线的制作步骤，我们可以完成5mm刻度线的制作，仅将“第1步”中的“草图矩形”的尺寸改为长为5mm、宽为0.2mm的矩形，将“第4步”中的“阵列数目”改为31，“间距”不变即可。

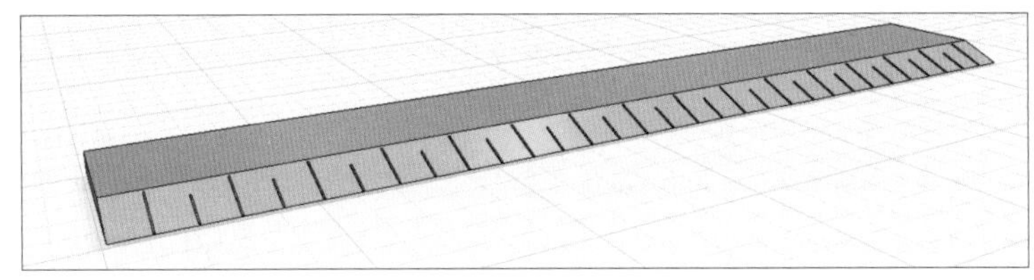

根据以上步骤，结合对直尺的观察，你能完成1mm刻度线的制作吗？此时“第4步”中的阵列数目应该是多少呢？

4. 制作刻度数字

1 绘制刻度数字。单击选取“文字”工具，在直尺上面单击后会出现对话框，文字输入0 1 2 3 4 5 6 7 8 9 10 11 12 13 14 15（数字间隔2~3个空格）。字体选择黑体，大小输入4.5。原点选择第一条刻度线的正上方，完成0~15数字的绘制。

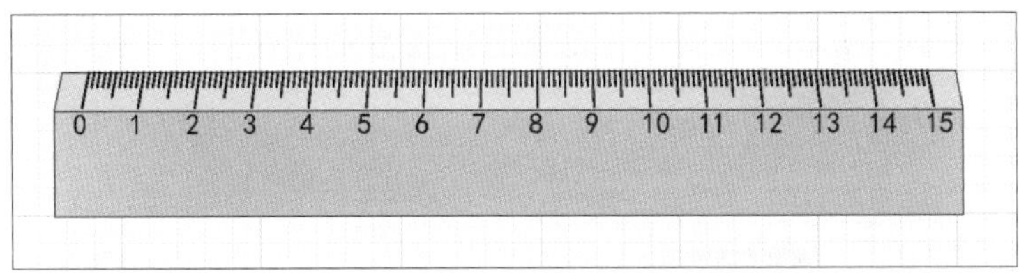

2 镶嵌数字。单击右侧“隐藏实体 / 网格”，选中文字，单击“构造”工具栏中的“拉伸”工具，距离为0.5，单击右侧“显示实体 / 网格”，得到直尺最终效果。

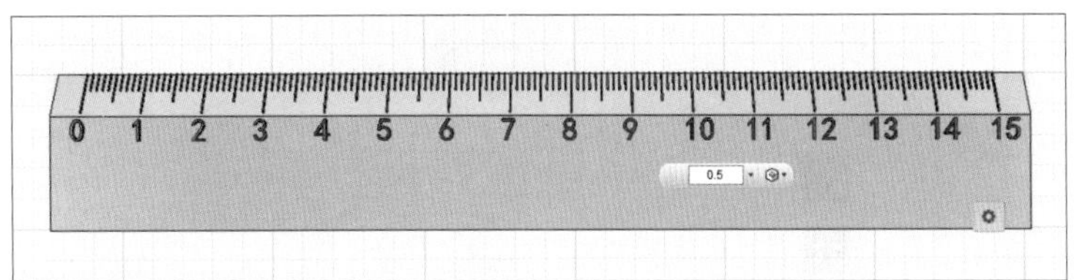

加油站

1. 打印与切片

（1）切片

在切片时，如果导入模型处于灰色不可打印状态，我们可以进行如下操作。

第一，须将待打印模型放置在打印区域内，如图 2-2 所示。在图 2-2 中，左图位置错误，模型呈灰色，处于不可打印状态；右图位置正确，模型呈彩色，处于可打印状态。

图2-2　直尺切片效果图

第二，当某个方向空间不足时，可以将打印模型进行旋转，直至模型变成彩色，处于可打印状态，如图 2-3 所示。

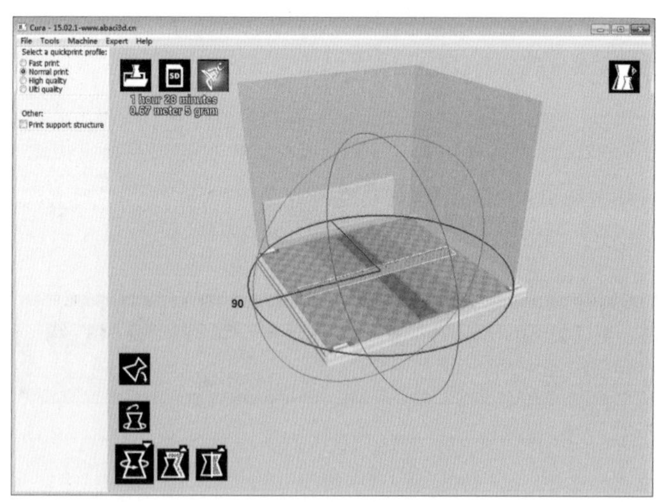

图2-3　旋转打印模型

（2）打印

本次设计的直尺测量长度为15cm，可以一次性打印成型。如果直尺的长度超过了打印机的打印范围，则需要考虑分段打印后以拼接的方式进行组合，直尺打印效果图如图2-4所示。

图2-4 直尺打印效果图

2. 拓展设计

你还能设计出什么样式的尺子？能设计一把三角尺吗？你可以结合项目1学习的“相减”工具设计一款方便绘制常见形状的直尺吗？（拓展任务奖励：经验值50，2颗智慧豆）。图2-5所示为各种各样的尺子。

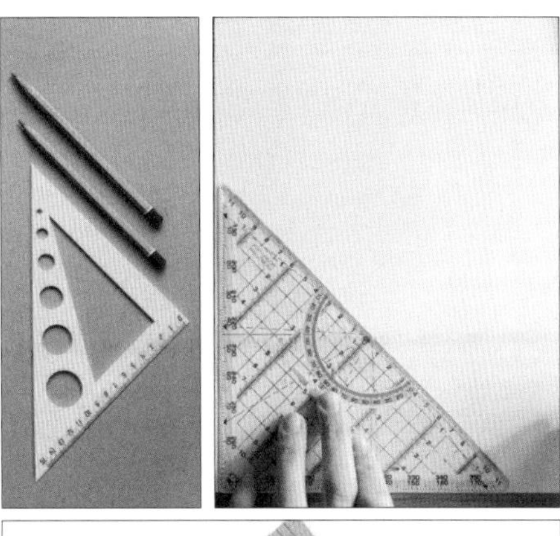

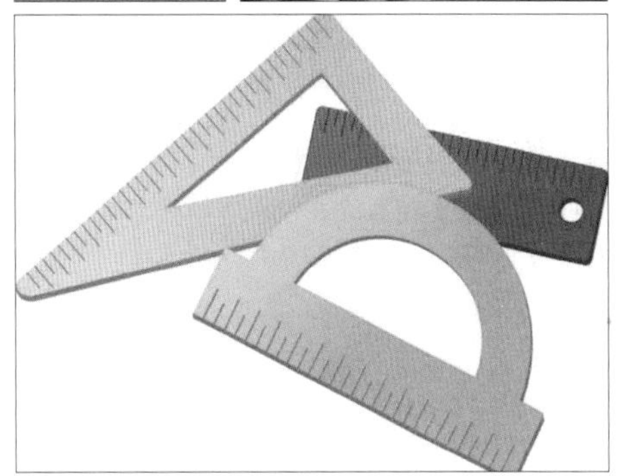

图2-5 各种各样的尺子

博物院

一尺有多长？

《汉书·律历志》记载，度量衡出于黄钟之律也。古人用黄钟律管作为长度标准，所以古尺又称乐尺、律尺、黄钟尺，是度量横制定的基础。而历代尺度因时代不同又各有差异。尺是古今都有的，但实际长度却不一样。

商代，一尺合今16.95cm，按这一尺度，人高约一丈，故有“丈夫”之称；

周代，一尺合今19.91cm；

秦时，一尺合今23.1cm；

汉时，一尺合今21.35~23.75cm；

三国，一尺合今24.2cm；

南朝，一尺合今25.8cm；

北魏，一尺合今30.9cm；

隋代，一尺合今29.6cm；

唐代，一尺合今 30.7cm；

宋元时，一尺合今 27.68cm；

明清时，木工一尺合今 31.1cm。

很显然，古代的尺要短于今天的尺。

秦始皇是中国历史上第一位统一了全国度量衡的皇帝。

《孙子算经》卷上有“度之所起，起于忽。欲知其忽，蚕所生，吐丝为忽。十忽为一秒，十秒为一毫，十毫为一厘，十厘为一分”的说法。这些十退位的分、厘、毫、秒、忽成为算术上专用的小数名称和长度小单位名称。到了宋代，人们把秒改为丝。清末时则把长度单位定到毫位。

彩绘骨尺与鎏金铜尺如图 2-6 所示。

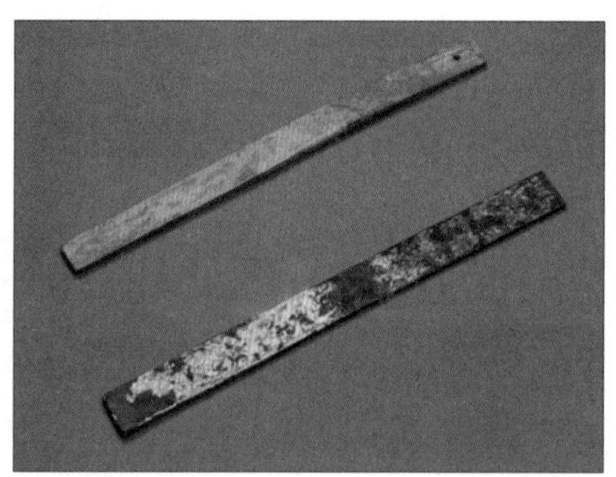

图2-6　彩绘骨尺与鎏金铜尺（东汉）

行动记录

使用图文形式，将探索、制作过程中的收获或遇到的问题记录在表 2-3 中。

表 2-3　行动记录表

我探索的步骤是	

续表

我探索的主要成果有	
我学会了	
我还需要做到	

任务评定

1. 作品检测

收集作品，在现场或通过网络平台进行作品展示，各活动小组内部讨论后推选“评委”对成果进行评比。各小组在使用自制尺测量物品后，看看与标准尺测量结果是否一致，比一比哪个小组设计的自制尺误差最小，记录在表 2-4 中。

表 2-4　作品检测表

物品名称	测量内容	标准尺测量结果（单位：mm）	自制尺测量结果（单位：mm）	误差（单位：mm）
橡皮	宽			
完整的铅笔	长			
《新华字典》	厚			
	高			

根据展示情况，将对各小组作品的评价和建议填写在表 2–5 中。

表 2-5　作品评价反馈表

小组或作品名称	作品闪光点	可改进建议

2. 表现评定

通过自评或互评的方式，统计个人在活动中的表现，思考后期努力的方向，并将表现记录在表 2–6 中。

表 2-6　表现评定表

记录人：　　　　　　　　　　记录时间：

<table>
<tr><td colspan="2">本次活动获得智慧豆</td><td colspan="2"></td><td>总智慧豆</td><td></td></tr>
<tr><td colspan="2">本次活动获得经验值</td><td colspan="2"></td><td>总经验值</td><td></td></tr>
<tr><td rowspan="2">当前级别</td><td rowspan="2">□实习生
□设计师助理
□初级设计师
□中级设计师
□高级设计师
□资深设计师
□设计总监</td><td rowspan="2">是否申请升级？
□是
□否</td><td colspan="3">审核确认升级：</td></tr>
<tr><td colspan="3">后期努力的方向：</td></tr>
</table>

项目3　有趣的活字印刷

一大早，消息灵通的橙子就在教室里宣布了一个重磅新闻。

橙子："大家听好啦，院长说要面向全校征集校训设计创意，咱们一定要想出一个与众不同的好点子！"

阿杜："校训设计还不简单，做个徽标或者小挂件什么的不就好啦？"

小艾："这么简单就能想到的点子，别人也会很容易想到。"

蛋蛋、浩哥连声赞同："就是，就是！"

小艾："既然要做，就做个别人都想不到的东西。把校训做成活字印章怎么样？以后咱们可以通过活字印刷的方式来印刷校训！"

橙子："好主意！还可以把校训活字印章做成不同大小，小的可以做成挂饰，大的可以作为'镇院之宝'！"

蛋蛋："咱们还可以在印章上加上特殊的'防伪标记'。"

古老的活字印刷示例如图 3-1 所示。

图3-1　古老的活字印刷

个人任务

成功制作活字印刷模具（任务奖励：2 颗智慧豆）。

活字印刷模具示例如图 3-2 所示。

图3-2　活字印刷模具示例

团队任务

1. 了解汉字发展与活字印刷的历史（任务奖励：每位成员增加 50 经验值）。

2. 使用活字印刷模具，制作一份印刷产品，产品形式不限（任务奖励：每位成员增加 50 经验值）。

行动计划

1. 组成活动小组，小组成员之间展开讨论，确定分工，填写表 3-1。

表 3-1　____________ 小组行动计划

作品名称		组长	
人员分工			
具体工作		参与成员	完成时间
使用 123D Design 设计制作活字印刷模具			
了解汉字的发展			
了解活字印刷的历史			
制作印刷产品			

2. 设计草图。设计属于自己的活字印刷模具，画出设计草图。

我的设计草图

行动指南

按照计划进行设计与创作，在此过程中根据团队实际情况，不断完善初始设计方案，改进作品效果。

训练营

1. 制作活字印章

1 使用“基本体”工具栏中的“长方体”工具，创建一个长方体，将其作为活字印章的主体。

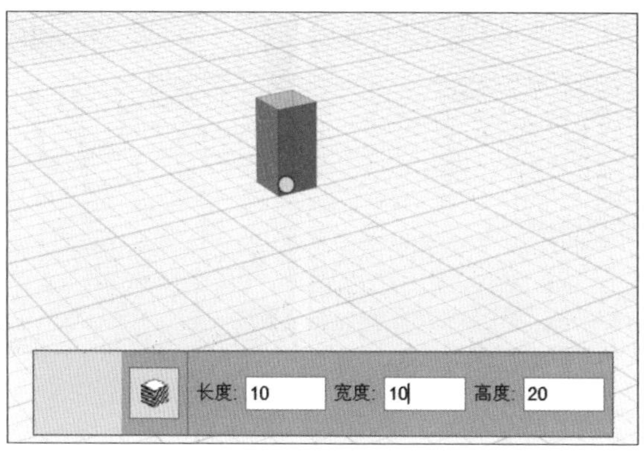

2 将视图切换为顶视图，使用“文本”工具，设置文本的内容与格式；然后使用快捷工具栏中的“移动文本”工具，将生成的文字移动到合适的位置。

文本

文本 国

字体 黑体

文本样式 B I

高度 10.00 mm

角度 90.0 deg

确定 取消

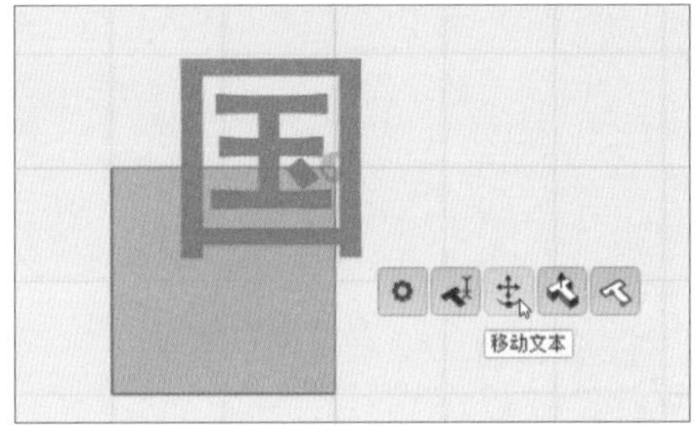

3 单击汉字文本，在快捷工具栏中单击“拉伸文本”工具，将文本拉伸出 1mm 厚度。

博物院

阴刻与阳刻是我国传统的两种基本刻字方法。阳刻是凸起形状，即保留文字或图案的笔划线条形象，把其余的部分挖去。阴刻为凹陷形状，即在平面上把文字或图案部分挖出来。阳刻印章与阴刻印章如图 3–3 所示，文字印章大部分使用阳刻方法。

图3–3 阳刻印章与阴刻印章

现在，假如我们把设计好的印章模型用3D打印机打印出来，蘸上印泥，在白纸上盖个章，会出现什么结果呢？聪明的你肯定会想到，纸上印出的文字是左右反向的！下面，我们需要利用软件的镜像工具，将印章模型中的文字先反过来，这样最终印章成品印出来的字才会是正的。

2. 制作印章的镜像

1 制作实体的镜像，我们首先得制造一面“镜子”。在印章的一侧放置一个正方体，将其作为镜像的基准。

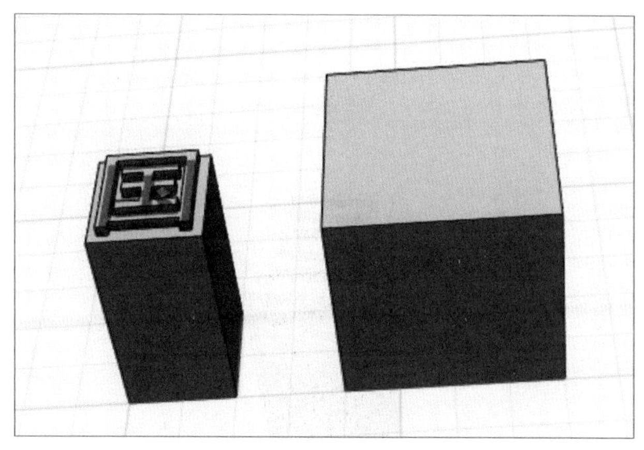

2 单击“阵列”工具栏中的“镜像”工具，框选整个印章，将其作为被镜像实体。

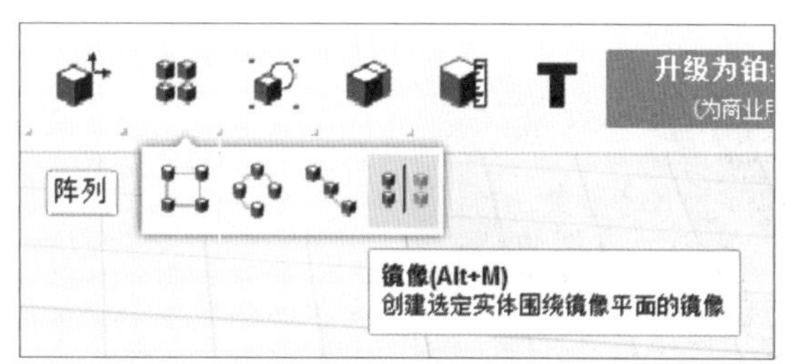

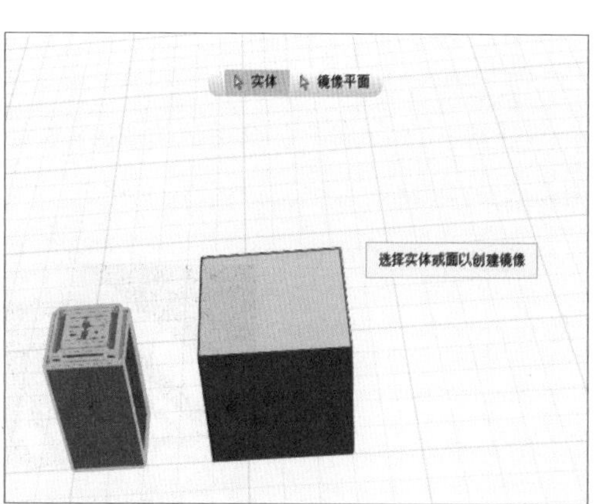

3 单击“镜像平面”，再单击正方体的侧面，我们就成功地生成了一个镜像实体。

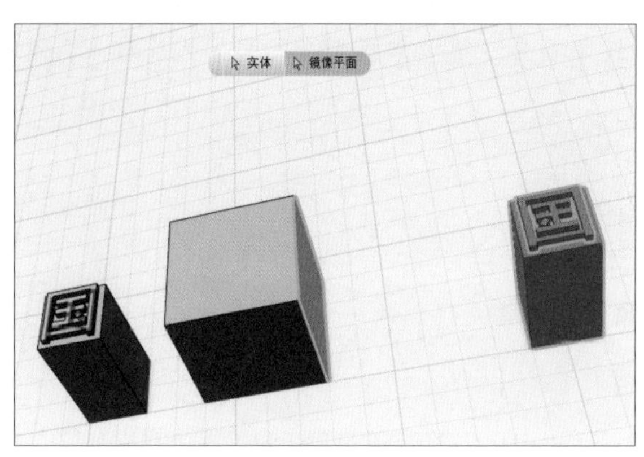

4 最后删除原印章和正方体，活字印章就完成了。

3. 体验活字印刷

最后，拿出刷子、油墨或印泥，卷起袖子，使用自己设计、制造的活字印刷模具，开始生产印刷产品吧，如图 3-4 所示。

图3-4 体验活字印刷

加油站

将多个汉字印章组合在一起，就能够印刷出我们想要的词语或句子。你能够设计一种方便使用的活字印章固定结构吗？（拓展任务奖励：2 颗智慧豆。）

活字固定结构示例如图 3-5 所示。

图3-5 活字固定结构示例

博物院

古代活字印刷的工序有：摆书、垫版、校对、印刷、归类、逐日轮转等，步骤烦琐且极易出错。中国古代的各种活字：泥活字、木活字、铜活字等都为手工雕刻，效率比较低，还容易出现字的大小不均、笔画粗细不一、排字不整齐等情况。因此，在古代活字印刷术并没有得到大规模的应用。

行动记录

以图文形式，将探索、制作过程中的收获或遇到的问题记录在表 3-2 中。

表 3-2 行动记录表

我探索的步骤是	
我探索的主要成果有	
我学会了	
我还需要做到	

任务评定

1. 作品展示

收集作品，在现场或通过网络平台进行作品展示。活动小组内部讨论展示计划，各活动小组推选“发言人”对成果进行介绍。

根据展示情况，将对各小组作品的评价和建议填写在表 3-3 中。

表 3-3　作品评价反馈表

小组或作品名称	作品闪光点	可改进建议

2. 表现评定

通过自评或互评的方式，统计个人在活动中的表现，思考后期努力的方向，将表现记录在表 3-4 中。

表 3-4　表现评定表

记录人：　　　　　　　　　　记录时间：

<table>
<tr><td colspan="2">本次活动获得智慧豆</td><td colspan="2"></td><td>总智慧豆</td><td></td></tr>
<tr><td colspan="2">本次活动获得经验值</td><td colspan="2"></td><td>总经验值</td><td></td></tr>
<tr><td rowspan="2">当前级别</td><td rowspan="2">□实习生
□设计师助理
□初级设计师
□中级设计师
□高级设计师
□资深设计师
□设计总监</td><td rowspan="2">是否申请升级？
□是
□否</td><td colspan="3">审核确认升级：</td></tr>
<tr><td colspan="3">后期努力的方向：</td></tr>
</table>

项目4　美丽的花朵

园长："小设计师们，谢谢你们能来！"

小艾："园长爷爷不用客气，您说说情况吧。"

园长："唉，公园里的花是开了，但是因为气候变化、杀虫剂的使用和物种入侵，蜜蜂的生存情况开始变得岌岌可危，濒临灭绝。没有蜜蜂授粉，鲜花也会消失的。"

阿杜："我想起来一个新闻，澳大利亚有位艺术家也是针对这个问题想出了一个办法，利用3D打印花朵和人工授粉来鼓励蜜蜂繁殖。具体来说就是将添加了花粉和花蜜的3D打印花朵，放置在真正的花丛中吸引蜜蜂前来授粉，花朵表面的管状装置还可以收集花蜜，就像真花一样！"

园长："这个方法……可以试试，不过想用3D打印花朵吸引蜜蜂可不是一件容易的事，花朵的构造和外观应该都会有影响。"

浩哥："别担心，交给我们啦！"

这次，就请大家帮助园长设计制作美丽的3D打印花朵吧，将它们放置在花园中，和勤劳的蜜蜂一起"翩翩起舞"吧！3D打印花朵参考图4-1。

图4-1　3D打印花朵参考

个人任务

成功设计制作出美丽的 3D 打印花朵，3D 打印花朵示例如图 4-2 所示（任务奖励：2 颗智慧豆）。

图4-2　3D打印花朵示例

团队任务

1. 了解几种花朵的品种，能把握花朵的外观特征（任务奖励：每位成员增加 50 经验值）。

2. 设计制作出带有功能性的 3D 打印花朵（任务奖励：每位成员增加 50 经验值）。

行动计划

1. 组成活动小组，小组成员之间展开讨论，确定分工，填写表 4-1。

表 4-1　＿＿＿＿＿＿＿＿小组行动计划

作品名称		组长	
人员分工			
具体工作		参与成员	完成时间
使用 123D Design 设计制作 3D 打印花朵			
了解花朵象征文化			
制作花朵造型作品			

2. 设计草图。设计属于自己的3D打印花朵，画出设计草图。

我的设计草图

行动指南

按照计划进行设计与创作，在此过程中根据团队实际情况，不断完善初始设计方案，改进作品效果。

训练营

我们以小雏菊为例，制作3D打印花朵。

1. 制作单片花朵花瓣

1 使用“草图”工具栏中的“样条曲线”工具，绘制一个不规则椭圆形，将其作为基本的花瓣形状。

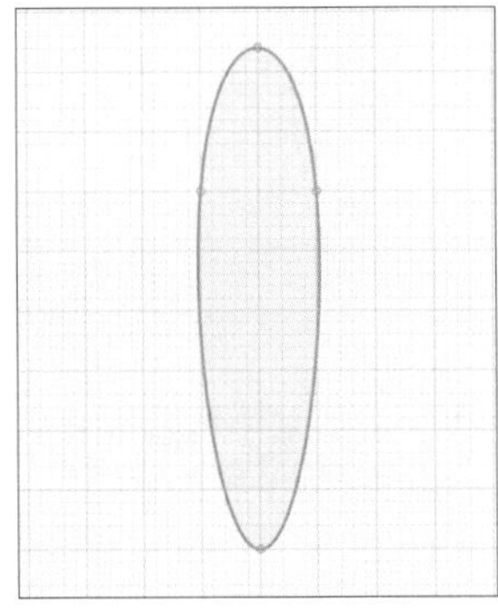

2 使用“构造”工具栏中的“拉伸”工具，将花瓣拉伸 3mm，形成立体的花瓣。

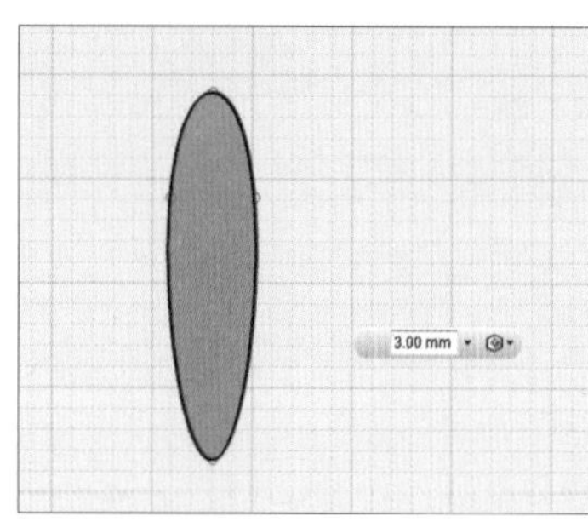

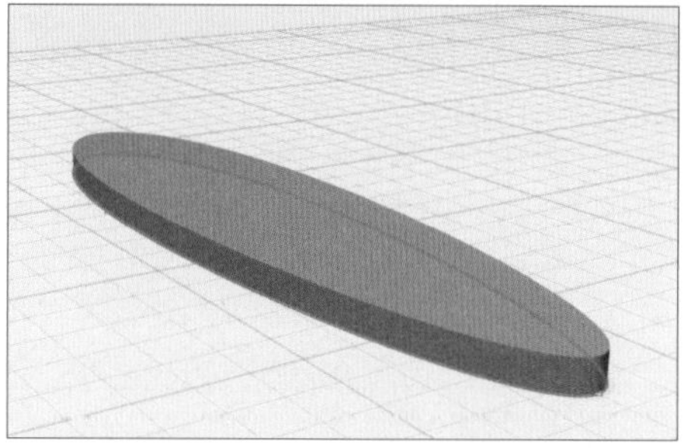

3 花瓣的基本形状已经确定了，为了让花瓣更圆润自然，我们可以使用“修改”工具栏中的“圆角”工具，将花瓣上边缘倒角 2°，形成光滑的花瓣轮廓，作为修饰。

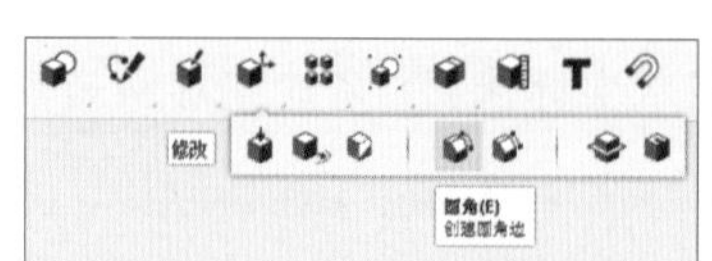

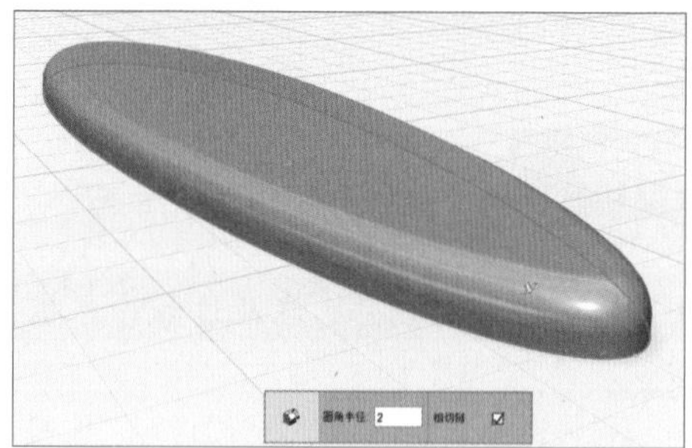

2. 制作花托

1 使用“基本体”工具栏中的“圆柱体”工具，构造一个半径 14mm，高 4mm 的圆柱体，将其作为花托。

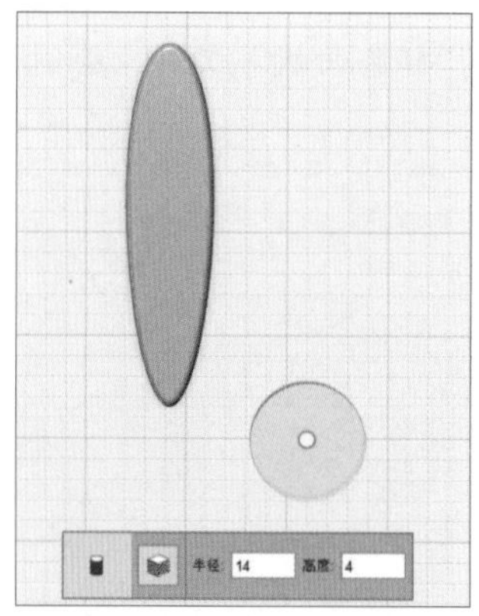

2 花瓣和花托需要对齐，这里可以使用“变换”工具栏中的“对齐”工具。一般为了对齐两个或多个面或实体会使用该工具，具体操作时，移动鼠标光标到不同小黑点查看对齐效果，单击确定。

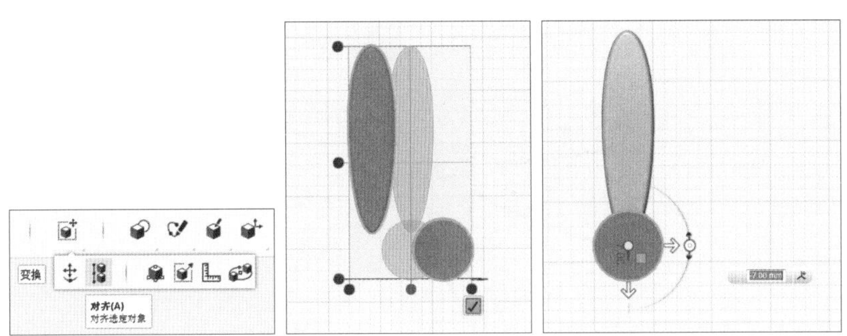

3. 制作完整花朵

完整的花朵不只有一片花瓣，但是按照一样的方法制作更多花瓣不仅复杂而且不能保证每片花瓣大小一样，123D Design 软件有一个非常好用的功能可以解决我们的问题。使用“阵列－环形阵列”工具，以花蕊为轴，复制出 8 片花瓣，就能形成一朵完整的花朵。

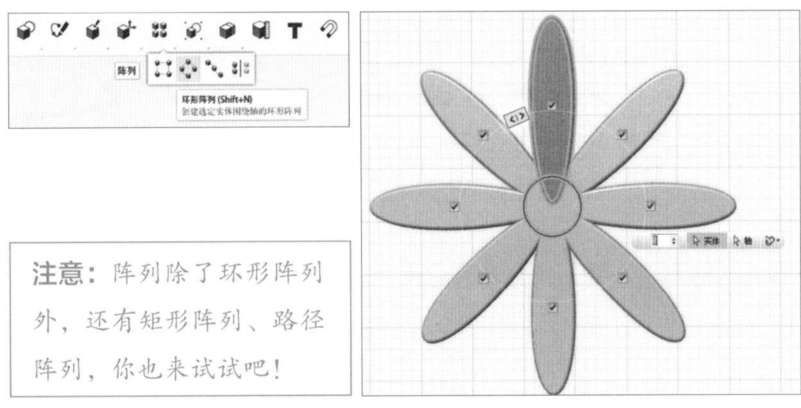

注意：阵列除了环形阵列外，还有矩形阵列、路径阵列，你也来试试吧！

4. 制作多层花瓣并修饰

要将多层花瓣连接到一起，我们需要在花托处设计插口，然后制作多层花瓣并将它们插到同一条“花茎”上。制作插口的方法，首先需要“复制”花托，然后将复制的花托“缩放”到插口的大小，再用整体花朵“减去”插口。最后在修饰完花朵颜色后，制作一根花茎，将多层花瓣连接到一起。具体步骤如下。

1 “复制”“粘贴”命令位于隐藏菜单中，只有用快捷键才能调出。而大多数软件的“复制”“粘贴”命令的快捷键是一样的，都是按“Ctrl+C”组合键调用“复制”命令，按“Ctrl+V”组合键调用“粘贴”命令。通过“复制”“粘贴”复制花托。

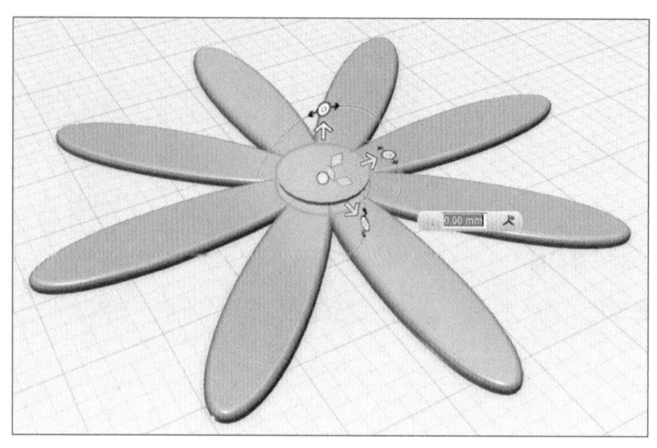

2 花朵插口的半径应该小于花拖半径，因此我们需要对复制的花托大小进行调整，单击选中实体，选择“缩放”工具栏中的“智能缩放”工具，修改参数直至大小合适。

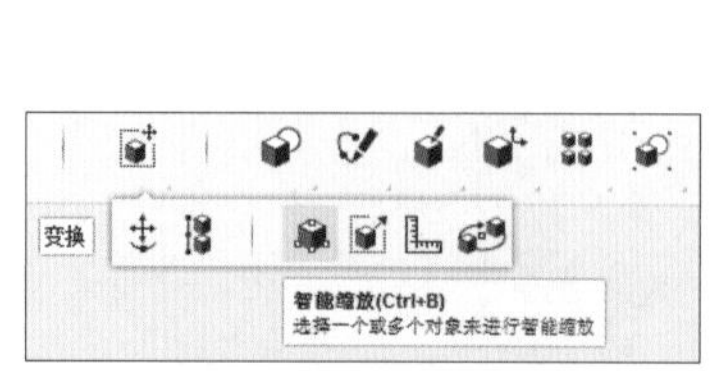

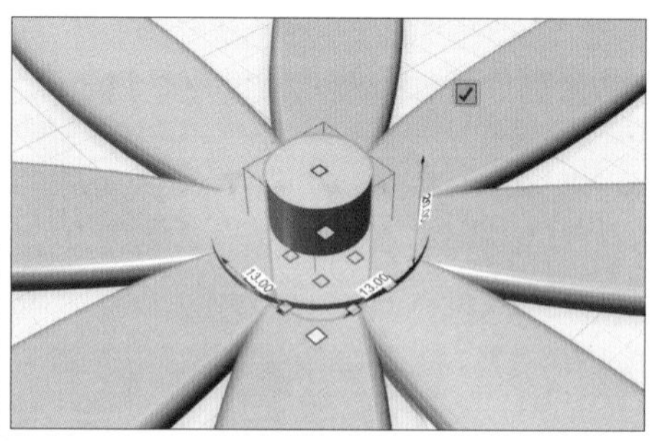

3 花瓣和花托全部制作好后就应该将它们作为一个整体进行处理，因此可以单击选择“合并”工具栏中的“合并”工具来合并它们，合并之后的花朵实体就是一个整体了。

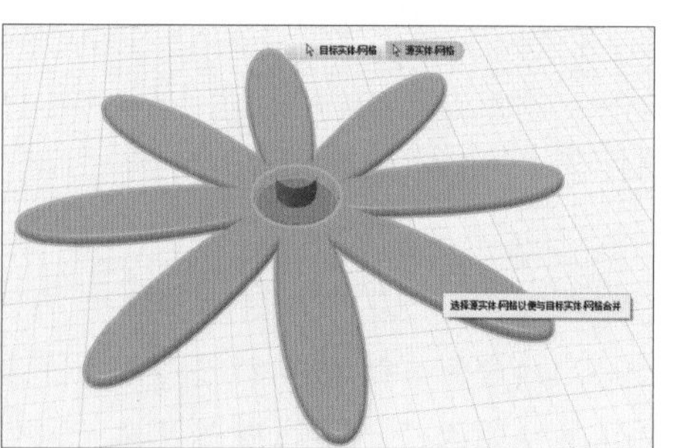

4 将合并之后的整体花朵减去复制并调整大小后的花托，就能得到设置了插口的花朵。这里需要使用“合并”工具栏中的“相减”工具。

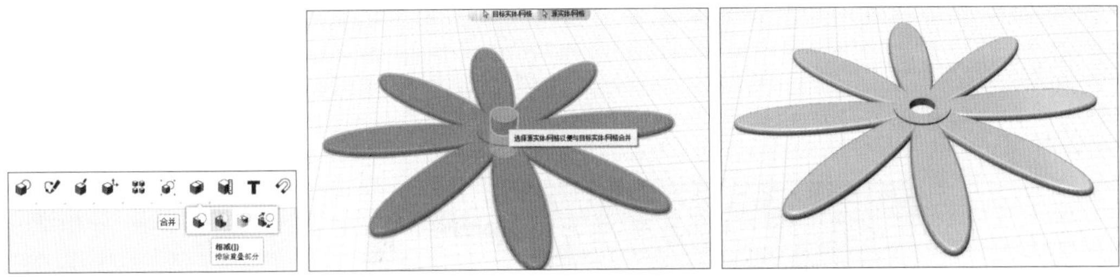

5 美丽的花朵应该是五颜六色的，在“材质”工具栏中，设置花朵材质和颜色。

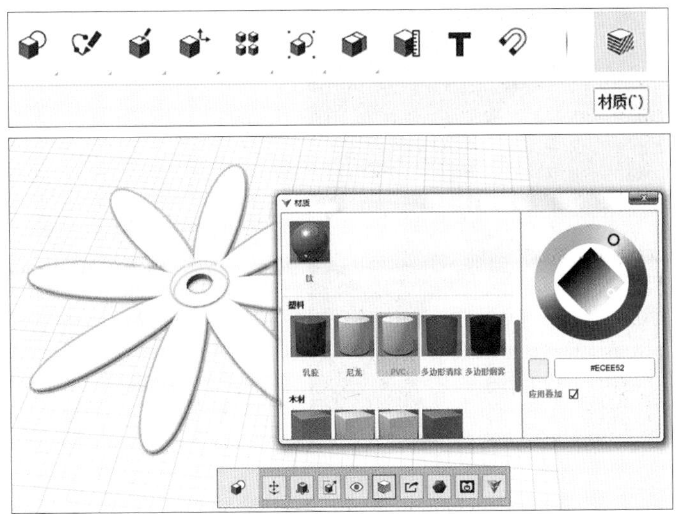

6 最后，用同样的方法制作多层花瓣，再制作一根花茎将花瓣连接起来，就能得到一支3D打印的小雏菊了。

加油站

能设计制作出美丽的花朵是第一步，艺术来源于生活也高于生活。试试在花朵造型的结构上加入带有功能的设计吧，例如水杯、花洒、台灯、支撑等（拓展任务奖励：2 颗智慧豆）。各种花朵造型的创意作品如图 4-3 所示。

图4-3　各种花朵造型的创意作品

博物院

繁花似锦的春日里，各种美丽的花卉让人目不暇接，要想一一报上这些花的名字，恐怕只有植物学家才能做到。以前看到不知名的花，可能需要翻书或上网查询，有时还得请教专家，不过随着人工智能的发展，现在用手机软件就能解决这些问题，只要用相机拍摄花卉，软件会自动识别出花卉的名称和类型，并显示出匹配度，告诉你花卉的基本特征、药用价值等。目前仅国内中文软件就有“花伴侣”“形色”“发现识花”和“微软识花”等，百度浏览器也增加了识花功能，甚至还有专门识别多肉植物的软件。除了帮助认识植物花卉，不少软件还加入了更多信息，包括诗词赏花、花语和植物养护知识、趣味故事等。

这些软件主要应用了深度学习技术。以“微软识花”为例，这款软件的开发是微软

亚洲研究院和中国科学院植物研究所多年来学术合作的成果。中国科学院植物研究所不仅提供了 260 万张花卉的识别图片，还提供了经过专家鉴定的中国常见花卉列表。而微软亚洲研究院的研究员利用先进的技术开发出识别花卉的算法，并把识别结果挑选出来，由中国科学院植物研究所的专家进行鉴定。经过了两、三次迭代，才得到了最终训练机器识别的样本集合。在具体识别时，算法按照“科－属－种”的层级划分，首先确定花卉的“科”，再通过一些细节的特征，例如花瓣的分布、形态等来确定它归于哪个“属”，最后通过花瓣的颜色、纹理等更为细微的特征来具体判断它属于哪个“种”。一朵花就是这样被计算机识别出来的，当然每一种花的识别过程也是“因花而异”的。某手机识花应用截图如图 4–4 所示。

图4–4　某手机识花应用截图

你也下载一个软件试试吧，既能认识不同的花卉，增长知识，更能感受人工智能时代的魅力！

行动记录

以图文形式，将探索、制作过程中的收获或遇到的问题记录在表 4–2 中。

表 4-2　行动记录表

我探索的步骤是	
我探索的主要成果有	
我学会了	
我还需要做到	

任务评定

1. 作品展示

收集作品，在现场或通过网络平台进行作品展示。活动小组内部讨论展示计划，各小组推选“发言人”对成果进行介绍。

根据展示情况，将对各活动小组作品的评价和建议填写在表 4–3 中。

表 4-3　作品评价反馈表

小组或作品名称	作品闪光点	可改进建议

2. 表现评定

通过自评或互评的方式，统计个人在活动中的表现，思考后期努力的方向，将表现记录在表 4–4 中。

表 4-4　表现评定表

记录人：　　　　　　　　　　记录时间：

<table>
<tr><td colspan="2">本次活动获得智慧豆</td><td colspan="2"></td><td>总智慧豆</td><td></td></tr>
<tr><td colspan="2">本次活动获得经验值</td><td colspan="2"></td><td>总经验值</td><td></td></tr>
<tr><td rowspan="2">当前级别</td><td rowspan="2">□实习生
□设计师助理
□初级设计师
□中级设计师
□高级设计师
□资深设计师
□设计总监</td><td rowspan="2">是否申请升级？
□是
□否</td><td colspan="3">审核确认升级：</td></tr>
<tr><td colspan="3">后期努力的方向：</td></tr>
</table>

项目 5　艺术景观椅

中心公园可真大，逛了一会，大家都觉得有点累，开始找椅子休息。

橙子：“哇，这把椅子好漂亮！你们快来看，像不像一朵花？”

小艾：“真的诶！”

橙子：“小艾小艾，快帮我和这张椅子拍张照。”

蛋蛋：“这把椅子也像一只小鹿，很好看！”

……

小伙伴们争先恐后地在公园里玩起了发现好看椅子的游戏。

艺术景观椅如图 5-1 所示。

图5-1　艺术景观椅

户外公共座椅是公共环境的有机组成部分，因此艺术景观椅层出不穷。艺术景观椅不仅能满足使用功能，其外观设计更趋向艺术化，材质也更为丰富，更加注重从人性化角度出发，使用起来愈发舒适、耐久，也更注重自身与环境的协调性。

这次，我们也来设计一把艺术景观椅，将其放置在公园中，让我们的公园更加美丽！

个人任务

成功设计制作艺术景观椅（任务奖励：2 颗智慧豆）。艺术景观椅 3D 设计效果如图 5-2 所示。

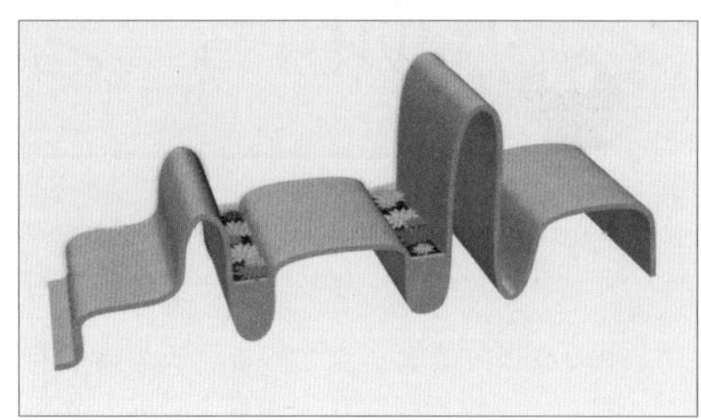

图5-2　艺术景观椅3D设计效果

团队任务

1. 搜集好看的艺术景观椅案例，比较发现它们的特点（任务奖励：每位成员增加 50 经验值）。

2. 设计创意艺术景观椅（任务奖励：每位成员增加 50 经验值）。

行动计划

1. 组成活动小组，小组成员之间展开讨论，确定分工，填写表 5-1。

表 5-1　____________ 小组行动计划

作品名称		组长	
人员分工			
具体工作		参与成员	完成时间
搜集好看的艺术景观椅			
比较发现艺术景观椅的特点			
使用 123D Design 设计制作艺术景观椅			
设计创意艺术景观椅			

2. 设计草图。设计属于自己的艺术景观椅，画出设计草图。

我的设计草图

行动指南

按照计划进行设计与创作，在此过程中根据团队实际情况，不断完善初始设计方案，改进作品效果。

训练营

1. 制作艺术景观椅主体

1 使用“草图”工具栏中的“样条曲线”工具，绘制艺术景观椅的基本形状轮廓，如果不能一次成型，可以在绘制完成后对草图点或草图曲线进行修饰。

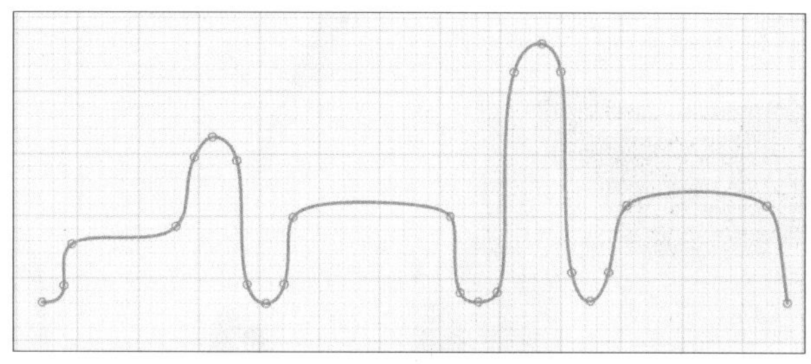

2 使用“基本体”工具栏中的“长方体”工具，插入长方体作为景观椅的截面。

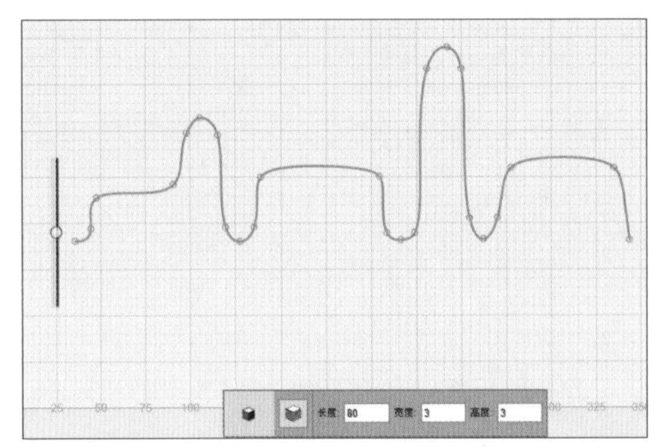

3 使用“变换”工具栏中的“旋转”工具，旋转长方体，让长方体与草图平面垂直，并与草图曲线接触。

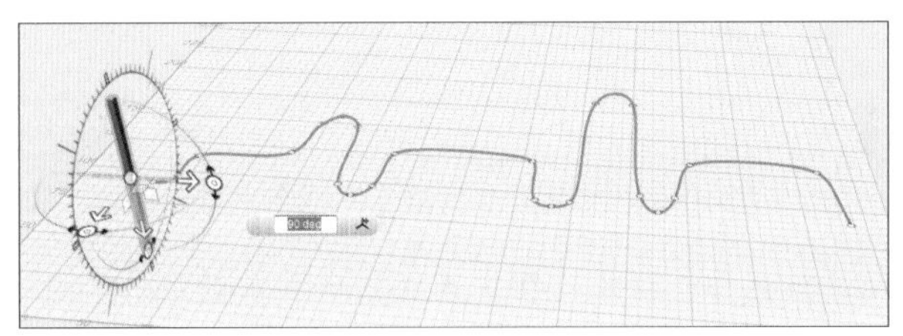

4 我们的艺术景观椅实际上就是对这一小段长方体沿曲线进行复制，123D Design 软件提供了一个简单的方法实现这种操作。使用“构造”工具栏中的“扫掠”工具，设置“轮廓”为长方体立面，设置“路径”为草图曲线，这将使得长方体立面以草图曲线为路径进行扫掠，形成新的实体，得到艺术景观椅的基本造型。

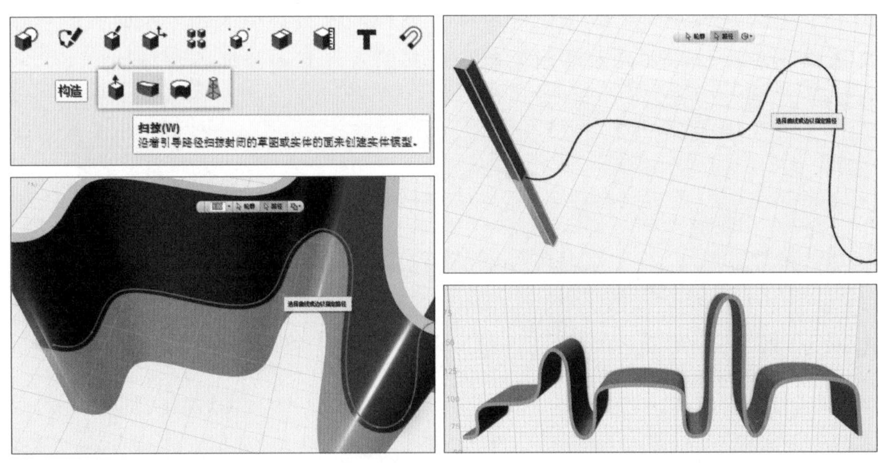

注意: 单击选中实体,按D键将实体置于平面; 单击右侧菜单栏选择“隐藏草图 / 网格”; 如果扫掠形成的实体出现断层，说明草图曲线角度设置不合理，一般是过于尖锐，需要重新调整。

2. 制作花草种植区

1　使用“基本体”工具栏中的“长方体”工具，构造一个与艺术景观椅厚度具有同样高度的长方体。

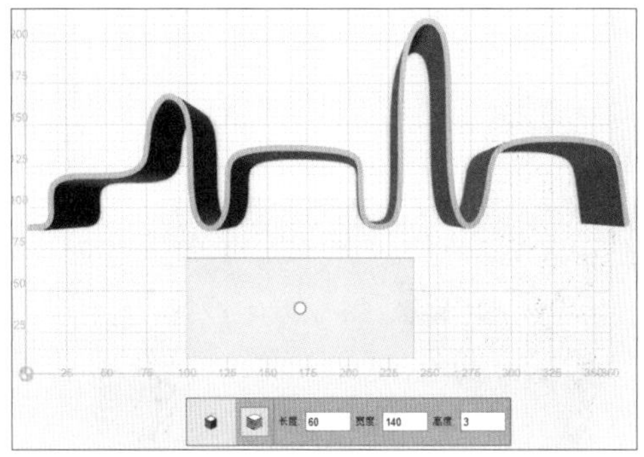

2　使用“变换”工具栏中的“移动”工具，将长方体移动到合适的位置。

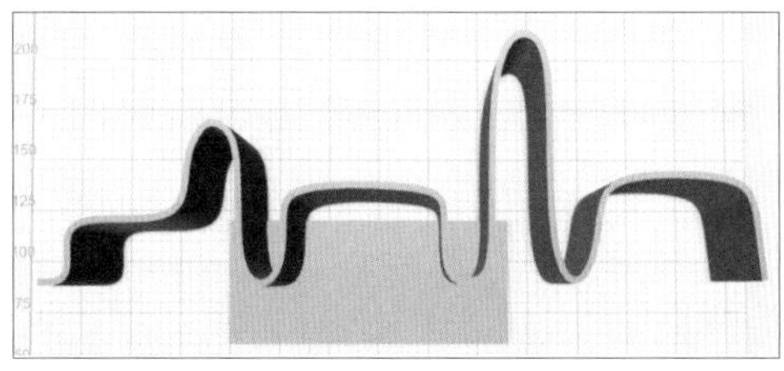

3　我们只需要长方体在椅子内的部分，不需要长方体在椅子外的部分，这里可以使用“修改”工具栏中的“分割实体”工具，将“要分割的实体”选择为长方体，将“分割工具”选择为景观椅的曲面，对长方体进行分割。

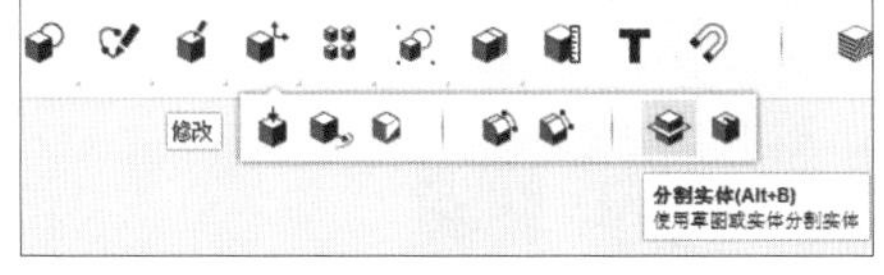

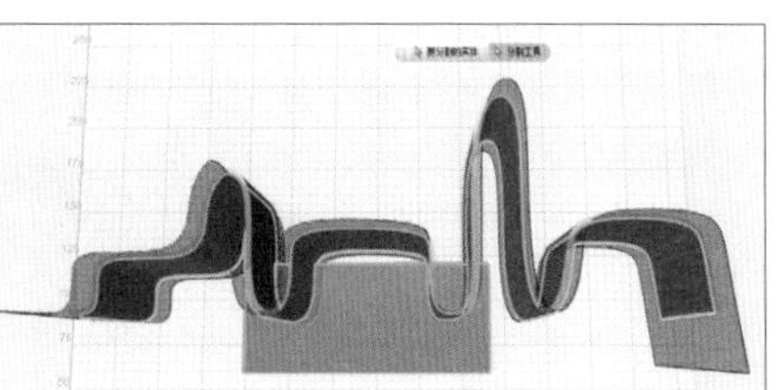

4 删除长方体多余部分。

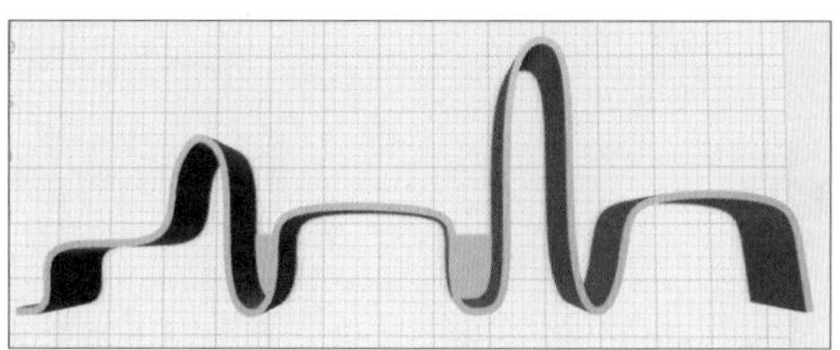

5 使用“复制”和“粘贴”工具，得到新隔板。

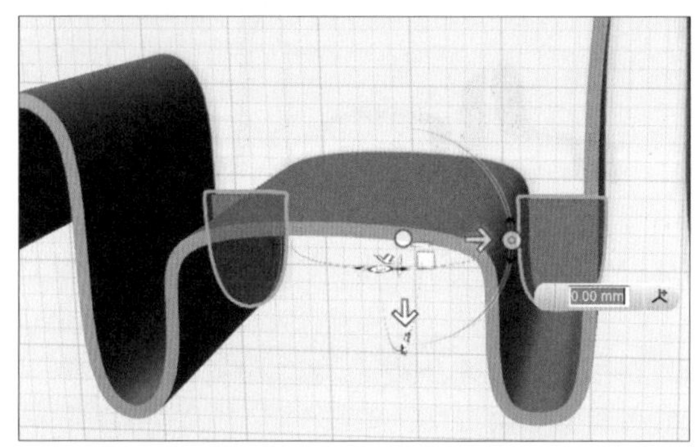

6 使用“变换”工具栏中的“对齐”工具，将新隔板与艺术景观椅左对齐。

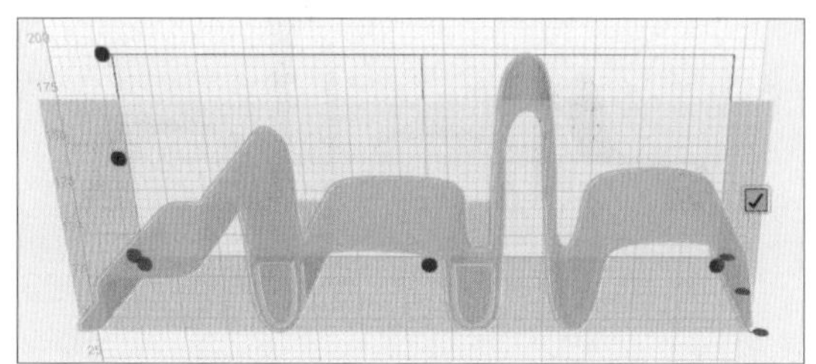

7 最后我们就得到了兼具艺术造型与绿植功能的艺术景观椅。

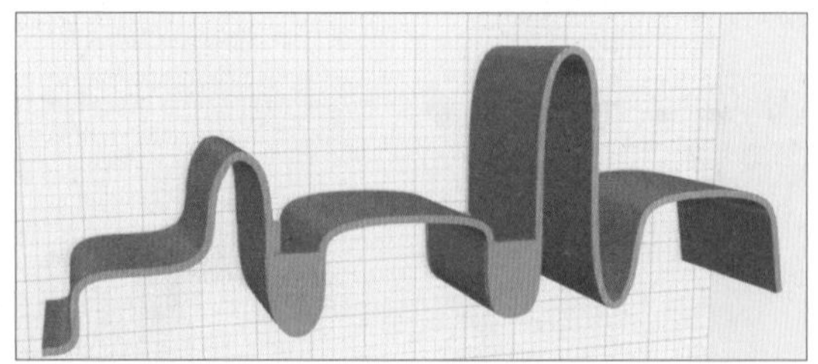

加油站

还记得我们前面制作的3D打印花朵吗？把大家设计的3D打印花朵加入艺术景观椅的花草种植区（拓展任务奖励：2颗智慧豆。），一起打印出来吧！种上花朵的艺术景观椅如图5-3所示。

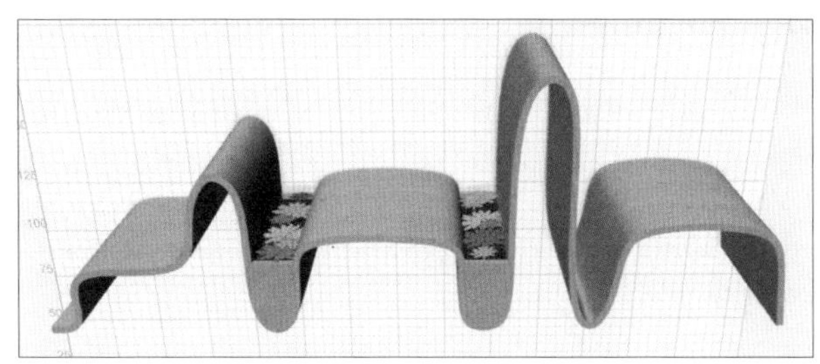

图5-3　种上花朵的艺术景观椅

博物院

椅子的名称始见于唐代，而椅子的形象则要上溯到汉魏时传入北方的胡床。敦煌莫高窟第285窟壁画就有两人分坐在椅子上的图像；在莫高窟第257窟壁画中有坐方凳和交叉腿长凳的妇女；龙门莲花洞石雕中有坐圆凳的妇女，生动地再现了南北朝时期椅、凳的使用情况。尽管当时的坐具已具备了椅子、凳子的形状，但因当时没有椅、凳的称谓，人们还是习惯于称之为“胡床”。唐代以后，人们对椅子的使用逐渐增多，椅子的名称也开始被广泛使用。

从胡床到当前多种多样的坐具，椅子经历了一个漫长的发展历程。椅子的设计涉及功能、造型、材料、结构、技术、艺术等多方面要素，有深厚的理论基础和广泛的应用实践价值。椅子不仅仅能供人休息、提供座位，还可以挂放衣物和包之类的物品，因此椅子是人类生活中不可缺少的家具。根据实用性质的不同，椅子包括多种形态，而且由于材料、结构等存在差别，又可以制成许多不同的椅子样式。各式各样的座椅如图5-4所示。

古代胡床（即马扎）

中式椅子

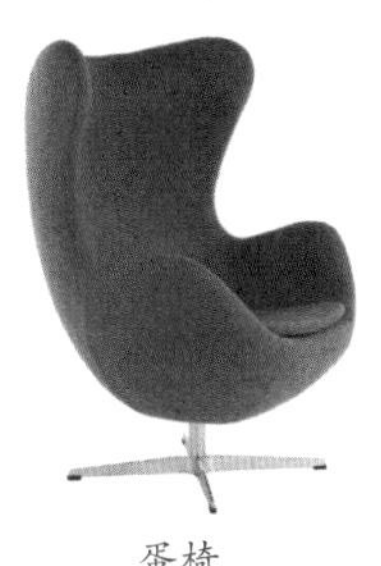

蛋椅

巴塞罗那椅

图5-4　各式各样的座椅

行动记录

以图文形式，将探索、制作过程中的收获或遇到的问题记录在表 5-2 中。

表 5-2　行动记录表

我探索的步骤是	
我探索的主要成果有	
我学会了	
我还需要做到	

任务评定

1. 作品展示

收集作品，在现场或通过网络平台进行作品展示。活动小组内部讨论展示计划，各活动小组推选“发言人”对成果进行介绍。

根据展示情况，将对各小组作品的评价和建议填写在表 5-3 中。

表 5-3　作品评价反馈表

小组或作品名称	作品闪光点	可改进建议

2. 表现评定

通过自评或互评的方式，统计个人在活动中的表现，思考后期努力的方向，将表现记录在表 5-4 中。

表 5-4　表现评定表

记录人：　　　　　　　　　　记录时间：

<table>
<tr><td colspan="2">本次活动获得智慧豆</td><td></td><td>总智慧豆</td><td></td></tr>
<tr><td colspan="2">本次活动获得经验值</td><td></td><td>总经验值</td><td></td></tr>
<tr><td rowspan="2">当前级别</td><td rowspan="2">□实习生
□设计师助理
□初级设计师
□中级设计师
□高级设计师
□资深设计师
□设计总监</td><td rowspan="2">是否申请升级？
□是
□否</td><td colspan="2">审核确认升级：</td></tr>
<tr><td colspan="2">后期努力的方向：</td></tr>
</table>

项目 6　翩翩起舞的花仙子

大家在公园的草地上晒着太阳聊聊天，好不惬意！这时一只漂亮的、黄色的小蝴蝶落在了蛋蛋的肩膀上。

浩哥："蛋蛋，你别动！有只蝴蝶在你肩膀上，我想好好看看蝴蝶到底长什么样，你千万不要动哦！"

蛋蛋："嗯，我不动，你抓住蝴蝶也给我看看吧。"

橙子："我们不要抓蝴蝶，不小心伤到它就不好了。"

阿杜："我有一个办法，我们可以去公园的标本室看蝴蝶标本，然后自己制作 3D 打印蝴蝶。"

蛋蛋："好呀，我要制作出最漂亮的 3D 打印蝴蝶！"

认真观察蝴蝶图片或标本，设计制作自己的 3D 花仙子——3D 打印蝴蝶吧！蝴蝶如图 6-1 所示。

图6-1　蝴蝶

个人任务

成功制作 3D 打印蝴蝶模型，如图 6–2 所示（任务奖励：2 颗智慧豆）。

图6–2　3D打印蝴蝶模型

团队任务

1. 了解蝴蝶的外形特征（任务奖励：每位成员增加 50 经验值）。
2. 了解蝴蝶的生活习性及其翅膀的用途（任务奖励：每位成员增加 50 经验值）。
3. 使用 3D 设计软件，设计一只蝴蝶，具体形式不限（任务奖励：每位成员增加 50 经验值）。

行动计划

1. 组成活动小组，小组成员之间展开讨论，确定分工，填写表 6–1。

表 6-1　____________小组行动计划

作品名称		组长	
人员分工			
具体工作		参与成员	完成时间
了解蝴蝶的外形特征			
了解蝴蝶的生活习性及其翅膀的用途			
使用 123D Design 设计制作 3D 打印蝴蝶模型			

2. 设计草图。设计属于自己的 3D 打印蝴蝶模型，画出设计草图。

我的设计草图

行动指南

按照计划进行设计与创作，在此过程中根据团队实际情况，不断完善初始设计方案，改进作品效果。

训练营

1. 绘制蝴蝶的翅膀轮廓（绘制半边即可）

1 将视图切换为“上”视图，使用“草图”工具栏中的“样条曲线”工具，依次在网格上单击创建点，直到蝴蝶翅膀轮廓形成。

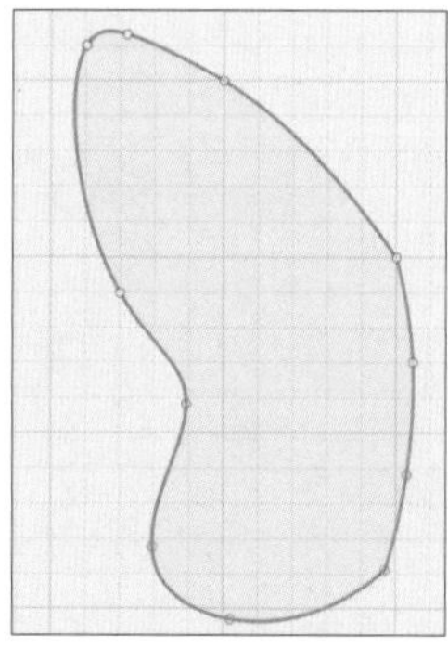

2 接下来创作自己的个性化蝴蝶翅膀图案。这里我们可以再次选择“草图”工具栏中的“样条曲线”工具，单击刚刚绘制的轮廓，以保证新绘制的曲线与刚刚绘制的轮廓是一个整体。

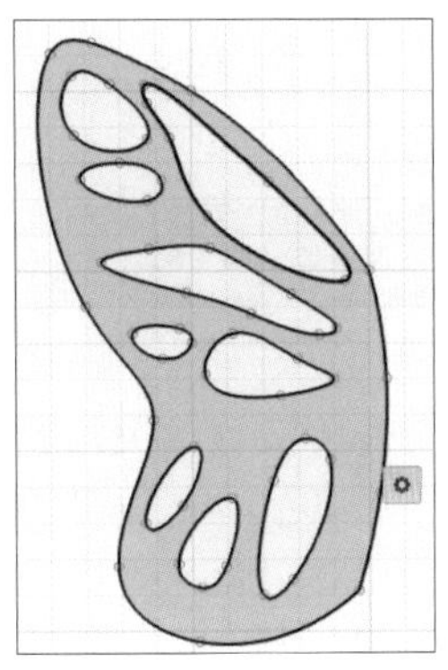

3 使用“构造”工具栏中的“拉伸”工具完成蝴蝶翅膀立体结构的制作。

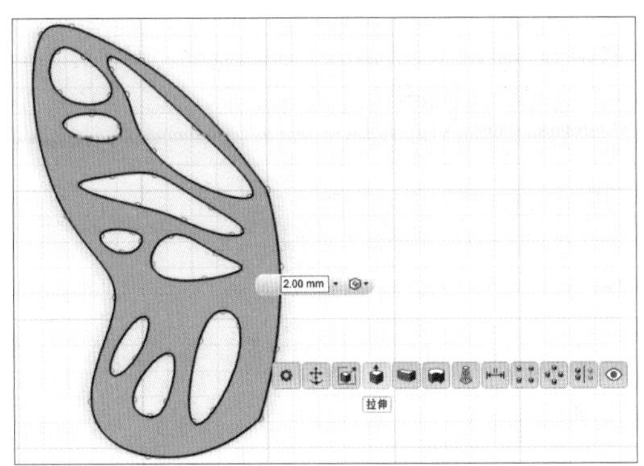

2. 设计蝴蝶身体部分

1 通过之前的学习，我们了解了蝴蝶的外形特征，发现蝴蝶的身体主要由3部分组成，分别是头、胸、腹，其头部还有一对锤状的触角，触角端部加粗。根据这样的特征，首先绘制蝴蝶的头部，选择基本体中的球体，根据绘制的翅膀轮廓大小确定球体半径。

2 再依次放入2个球体，并选择“缩放”工具栏中的“智能缩放”工具将球体变形为椭球体。单击选中新放置的球体，选择下方菜单中“缩放”工具栏中的“智能缩放”工具，单击数字，输入要修改的尺寸或用鼠标指针拖动4条边上的黄色正方形进行智能缩放。

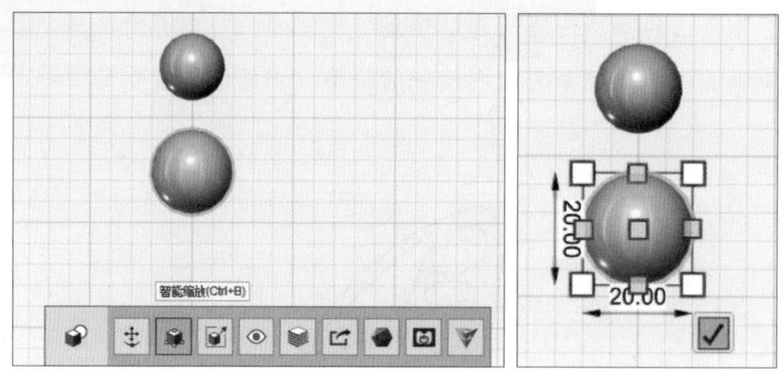

3 按照同样的操作放入第3个球体并修改其尺寸，再将3个球体进行拼接，选择“合并”工具栏中的“合并”工具，将蝴蝶的身体部分合并为一个整体。

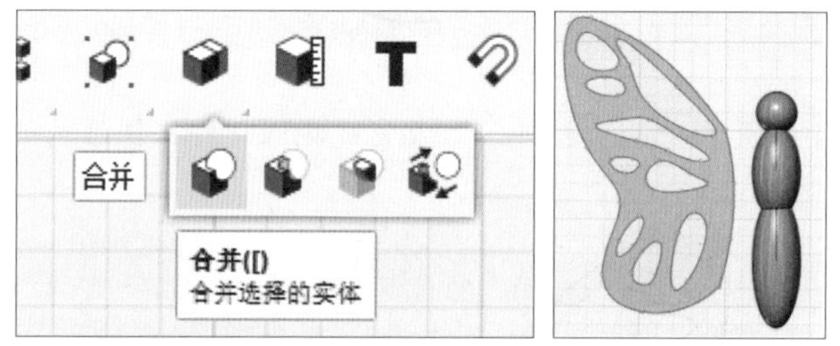

4 在网格上放置一个立方体，用于裁剪。再将视图切换到前视图，将立方体向上平移一段距离。选择“修改”工具栏中的“分割实体”工具，“要分割的实体”为蝴蝶身体部分，“分割工具”为立方体下底面，按回车键完成分割，删除下半部分。单击“拉伸”工具，选择蝴蝶身体底面平面，将其拉伸一定距离，在英文输入法模式下按D键，将蝴蝶身体置于网格上。

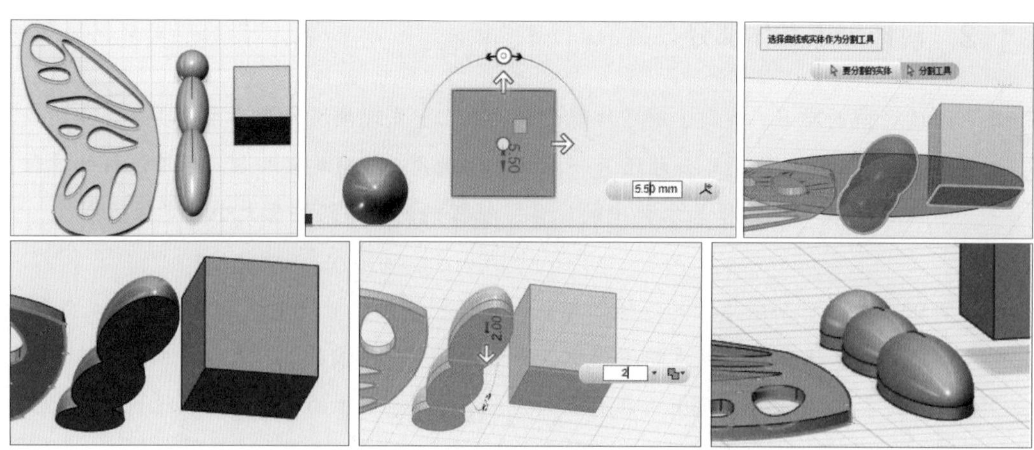

5 再利用“圆形”工具和“草图”工具栏中的“样条曲线”工具绘制蝴蝶的触角，利用“修剪”工具将交叉的部分删除，拉伸触角平面，得到实体。

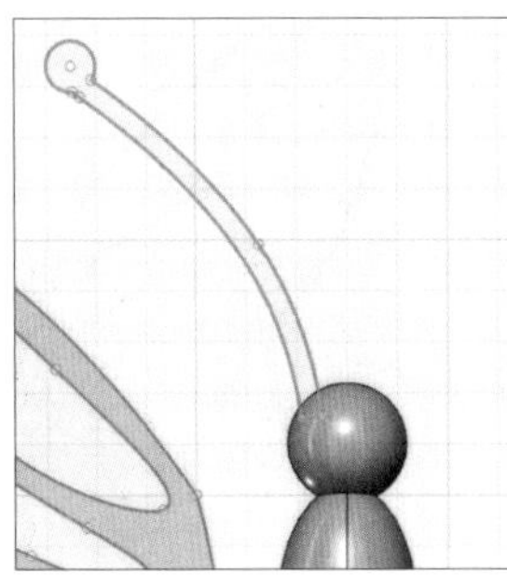
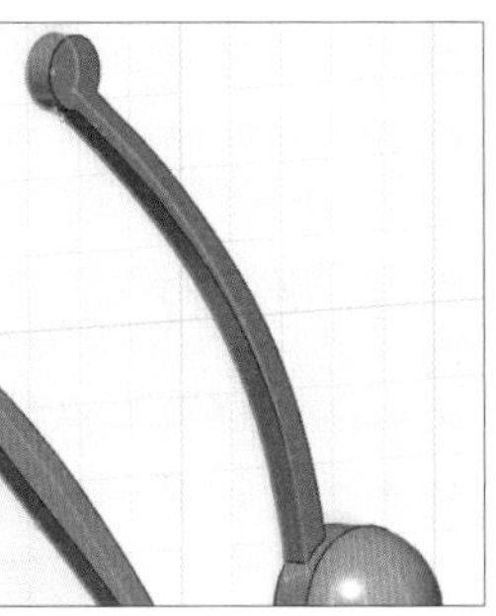

6 为了让 3D 蝴蝶模型更加生动，分别将蝴蝶翅膀和触角旋转一定角度，并通过平移将它们与蝴蝶身体衔接好。

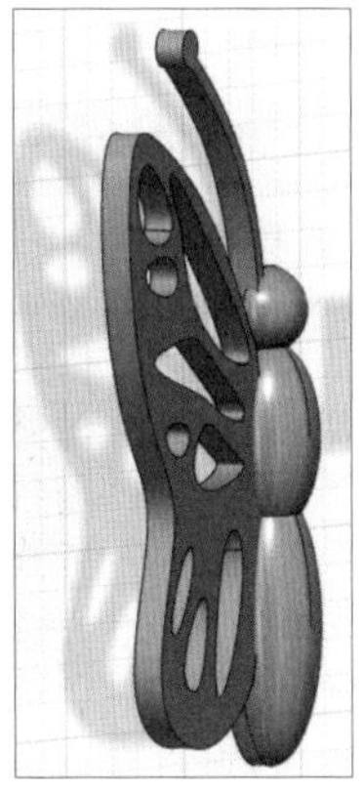

7 分别对蝴蝶翅膀和触角进行镜像，最后删除立方体（可参考项目 3 制作步骤），最终得到 3D 打印蝴蝶模型。

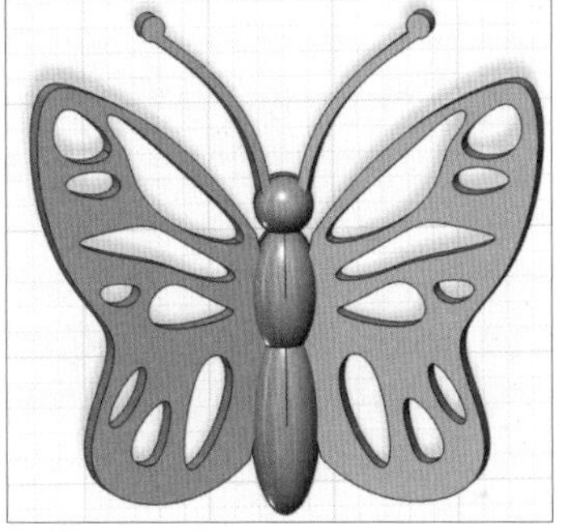

加油站

如果我们设计的 3D 打印蝴蝶模型的翅膀是可以转动的，那 3D 打印出来的蝴蝶效果是不是会更生动呢？

自主设计一个转动结构，添加在 3D 打印蝴蝶的身体和翅膀连接处，让蝴蝶可以挥动翅膀，翩翩起舞（拓展任务奖励：2 颗智慧豆）。已添加转动结构的 3D 打印蝴蝶模型如图 6–3 所示。

图6–3　已添加转动结构的3D打印蝴蝶模型

博物院

蝴蝶本身具有巨大的美学、经济和生态价值，但是近年来，由于蝴蝶自身先天生物学弱点，以及天敌、环境污染、栖息地被破坏、人为捕捉过多、低温及其他自然灾害等因素，蝴蝶的生存受到严重威胁。为了保护蝴蝶，保护生物多样性，我们有义务采取科学的方法行动起来，使蝴蝶生物多样性资源的开发利用步入良性循环。图 6–4 所示为蝴蝶在自然环境中的状态。

图6–4　蝴蝶在自然环境中的状态

行动记录

以图文形式，将探索、制作过程中的收获或遇到的问题记录在表 6–2 中。

表 6-2 行动记录表

我探索的步骤是	
我探索的主要成果有	
我学会了	
我还需要做到	

任务评定

1. 作品展示

收集作品，在现场或通过网络平台进行作品展示。活动小组内部讨论展示计划，各活动小组推选“发言人”对成果进行介绍。

根据展示情况，将对各小组作品的评价和建议填写在表 6-3 中。

表 6-3　作品评价反馈表

小组或作品名称	作品闪光点	可改进建议

2. 表现评定

通过自评或互评的方式，统计个人在活动中的表现，思考后期努力的方向，将表现记录在表 6-4 中。

表 6-4　表现评定表

记录人：　　　　　　　　　　记录时间：

<table>
<tr><td colspan="2">本次活动获得智慧豆</td><td colspan="2"></td><td>总智慧豆</td><td></td></tr>
<tr><td colspan="2">本次活动获得经验值</td><td colspan="2"></td><td>总经验值</td><td></td></tr>
<tr><td rowspan="2">当前级别</td><td rowspan="2">□实习生
□设计师助理
□初级设计师
□中级设计师
□高级设计师
□资深设计师
□设计总监</td><td rowspan="2">是否申请升级？

□是

□否</td><td colspan="3">审核确认升级：</td></tr>
<tr><td colspan="3">后期努力的方向：</td></tr>
</table>

项目 7　奇妙的鲁班锁

青少年宫内，人头攒动，各种新奇有趣、形式丰富的嘉年华活动让小伙伴们大开眼界。

橙子："小艾，快来看，这是什么？"

小艾："这是鲁班锁，它起源于中国古代建筑中的榫卯结构。你别看它看上去结构简单，其实内含奥秘，它易拆难拼，如果找不到窍门，就很难完成拼合。"

蛋蛋："小艾好厉害！"

辅导员老师："嘉年华活动发布了鲁班锁设计任务，有创意的设计可以获得小礼品哦，同学们也来试一试吧！"

蛋蛋："我来！"

阿杜："小菜一碟，看我的！"

阿杜制作了一个特别有趣的鲁班锁，获得了小礼品，他很开心。同学们，你们也来动手设计和制作鲁班锁吧！鲁班锁样图如图 7–1 所示。

图7–1　鲁班锁样图（木质）

个人任务

成功制作鲁班锁（任务奖励：2 颗智慧豆）。

团队任务

1. 了解鲁班锁的起源和传说（任务奖励：每位成员增加 50 经验值）。
2. 了解鲁班锁的原理（任务奖励：每位成员增加 50 经验值）。
3. 了解鲁班锁的种类（任务奖励：每位成员增加 50 经验值）。

行动计划

1. 组成活动小组，小组成员之间展开讨论，确定分工，填写表 7-1。

表 7-1 ____________ 小组行动计划

作品名称		组长	
人员分工			
具体工作		参与成员	完成时间
了解鲁班锁的起源和传说			
了解鲁班锁的原理			
了解鲁班锁的种类			
使用 123D Design 设计制作鲁班锁 3D 模型			

2. 设计草图。设计属于自己的鲁班锁，画出设计草图。

我的设计草图

行动指南

按照计划进行设计与创作，在此过程中根据团队实际情况，不断完善初始设计方案，改进作品效果。

训练营

制作经典六柱鲁班锁。3D打印鲁班锁如图7-2所示。

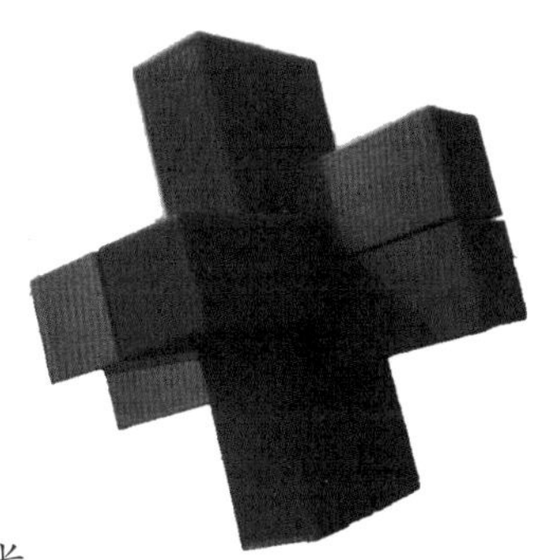
图7-2 3D打印鲁班锁

1. 绘制第1柱

使用“基本体”工具栏中的“长方体”工具，创建一个长方体，长度为100mm，宽度为20mm，高度为20mm。

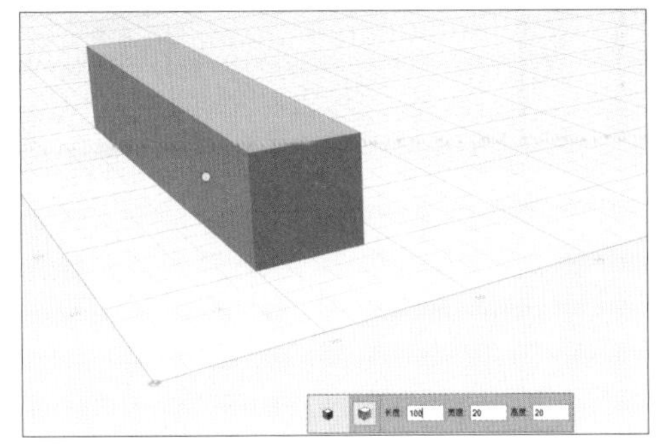

2. 绘制第2柱

1 选中长方体，使用“Ctrl+C”和“Ctrl+V”组合键复制出第2个长方体，使用移动工具，将它移动到图中位置，此长方体即为第2柱基本图形，将视图切换为“上”视图。

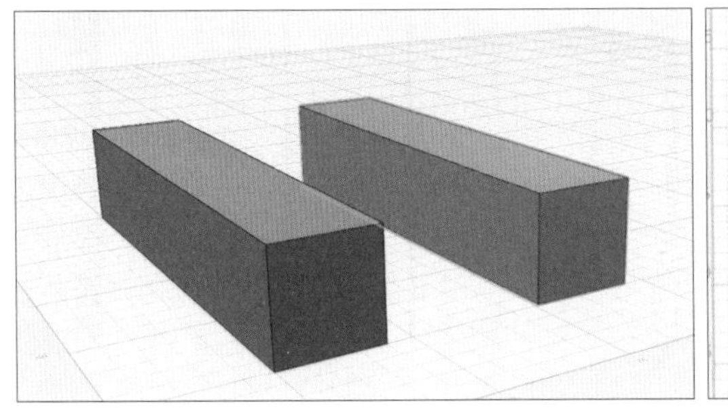
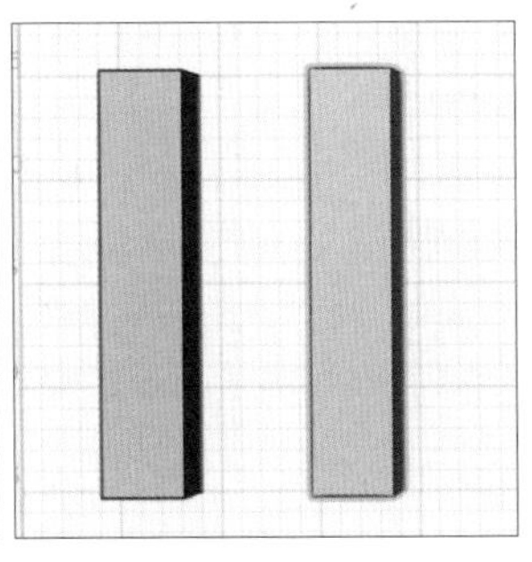

2 使用“基本体”工具栏中的“矩形”工具，绘制矩形，设置矩形尺寸为长度40mm，宽度20mm。设置好尺寸后，将矩形移动到第2个长方体的正中央。

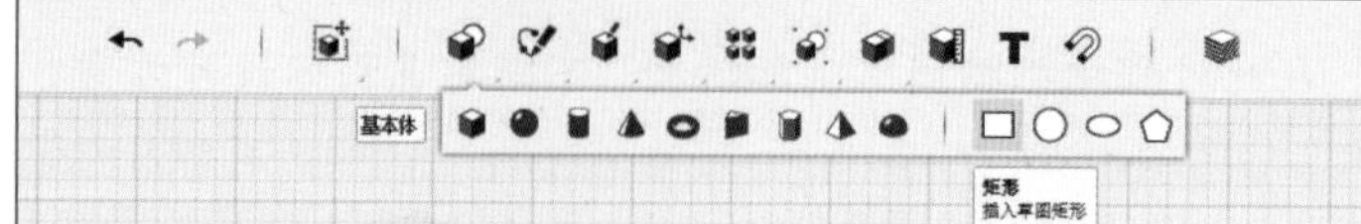

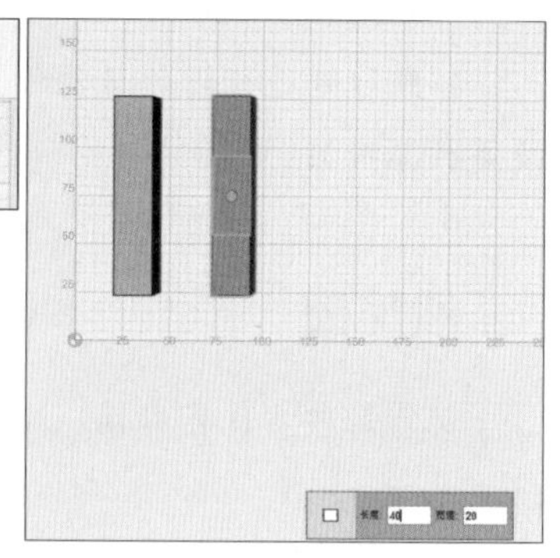

3 选中矩形，使用“构造”工具栏中的“拉伸”工具，将距离设置为10mm，将模式设置为相减，按回车键后，长方体将被挖出一个长40mm，宽20mm的缺口，删除多余的矩形框线。

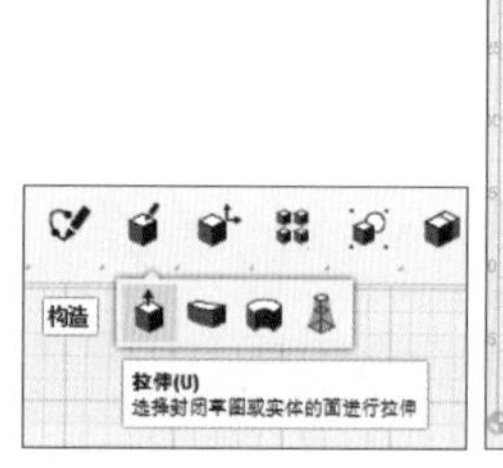

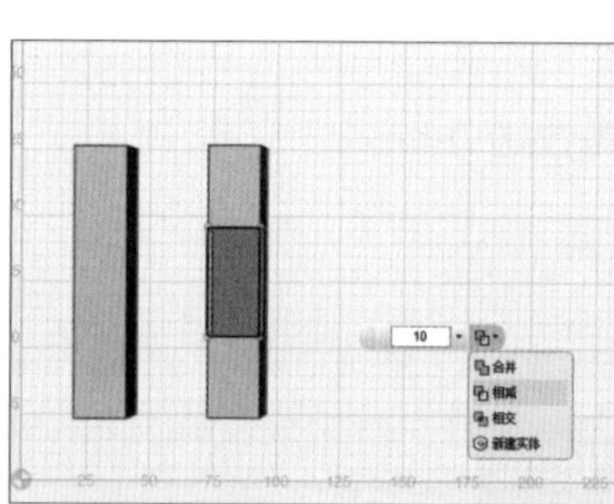

3. 绘制第3柱

1 复制第2柱，获得第3柱基本图形，将视图切换为“上”视图，将其移动到图中位置。选择“基本体”工具栏中的“矩形”工具，绘制矩形，设置矩形尺寸为长度20mm，宽度10mm，并将矩形移动到长方体凹槽下方。

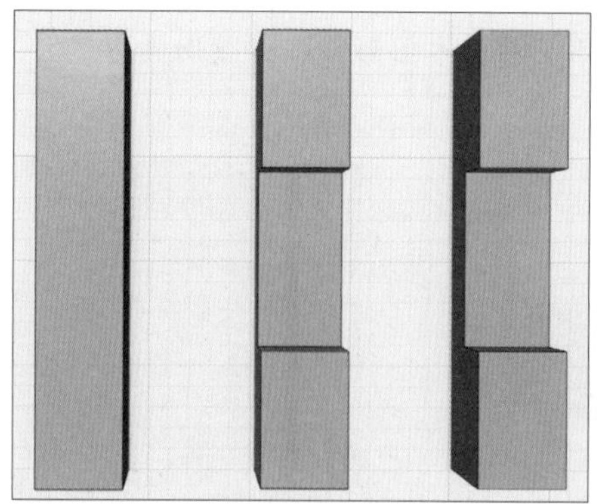

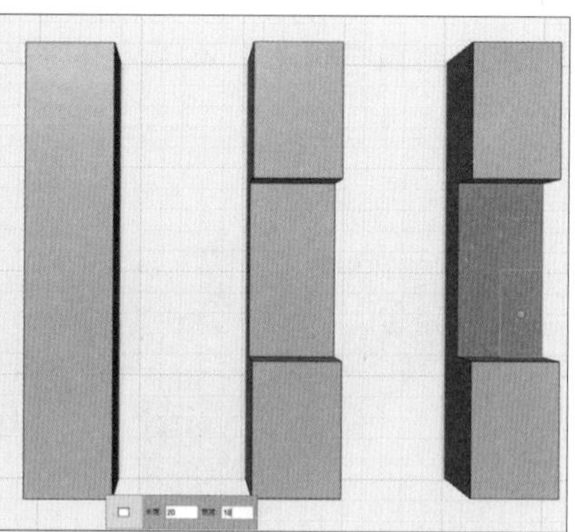

2 选中矩形，使用“构造”工具栏中的“拉伸”工具，将距离设置为 -10mm，将模式设置为合并，确认后按回车键，完成第 3 柱绘制。

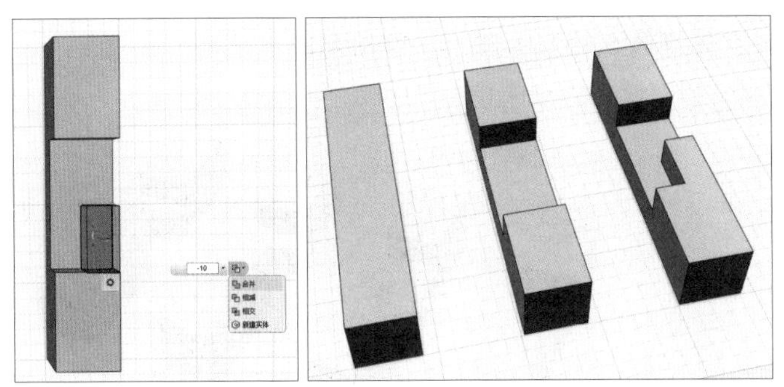

4. 绘制第4柱

1 复制第 2 柱，获得第 4 柱基本图形，将其移动到图中位置。

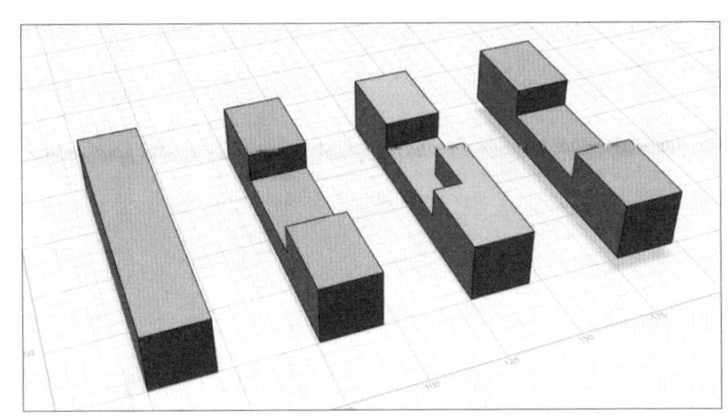

2 将视图切换为“上”视图，选择“基本体”工具栏中的“矩形”工具，将矩形尺寸设置为长度 20mm，宽度 20mm，移动到图中位置。使用“构造”工具栏中的“拉伸”工具，将距离设置为 10mm，模式设置为相减，按回车键后，在长方体凹槽处挖出缺口，完成第 4 柱绘制。

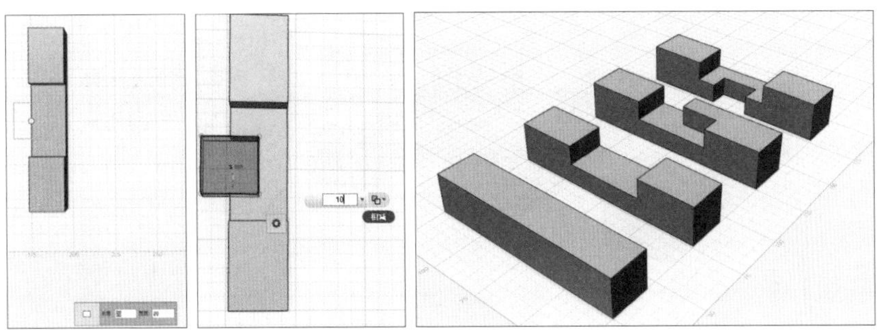

5. 绘制第5柱

1 复制第 4 柱，获得第 5 柱基本图形，移动到图中位置。

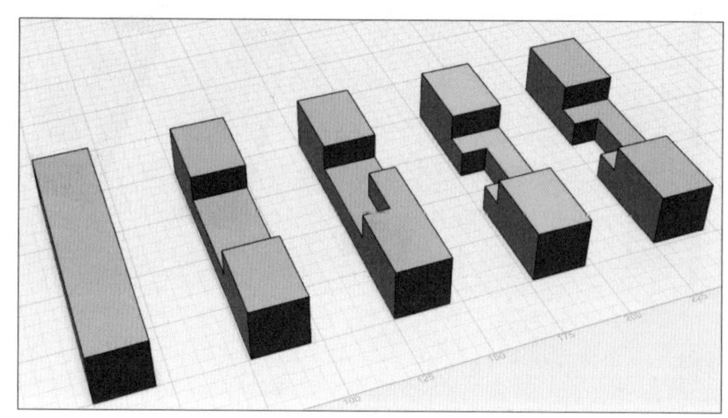

2 将视图切换为“上”视图，选择“草图”工具栏中的“草图矩形”工具，绘制长、宽均为 10mm 的矩形。

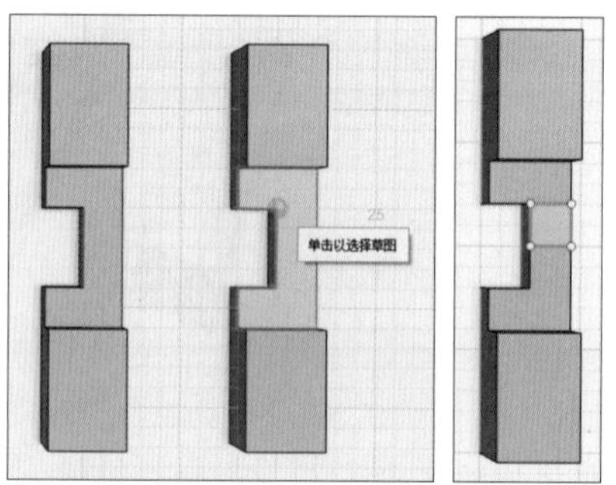

3 使用“构造”工具栏中的“拉伸”工具，将距离设置为 10mm，模式设置为合并，按回车键后，在长方体上增加方块。

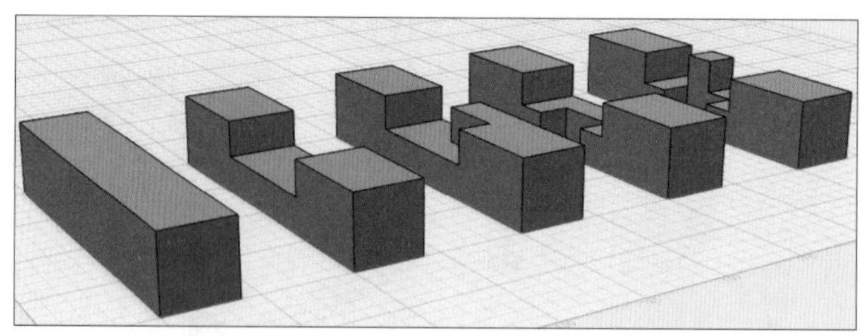

6. 绘制第6柱

1 复制第 4 柱，获得第 6 柱基本图形，并将其移动到图中位置。

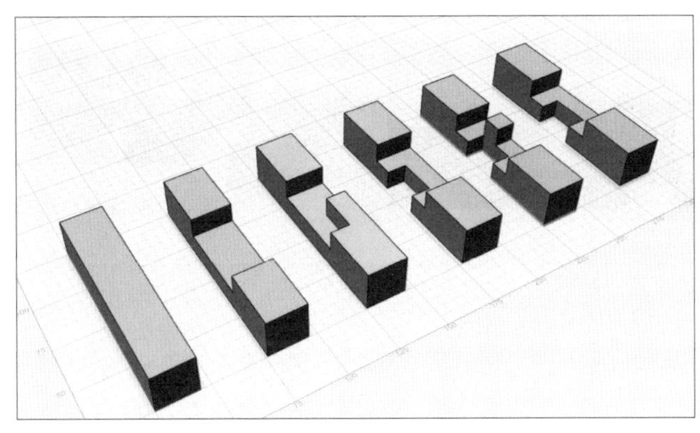

2 选择“基本体”工具栏中的“矩形”工具，将矩形尺寸设置为长度 20mm，宽度 20mm，将矩形移动到图中位置。选中矩形，使用“构造”工具栏中的“拉伸”工具，将距离设置为 10mm，将模式设为合并，按回车键后在长方体上增加方块。

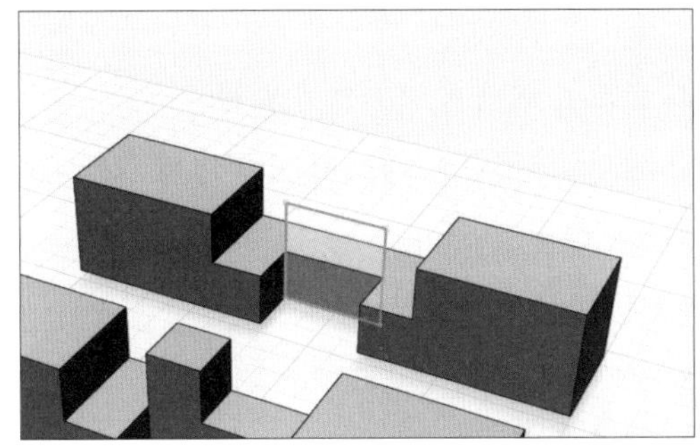

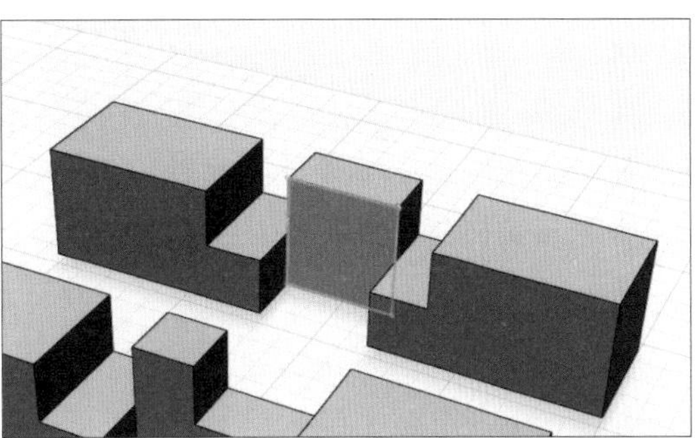

3 使用“草图”工具栏中的“草图矩形”工具，绘制长、宽均为 10mm 的矩形。

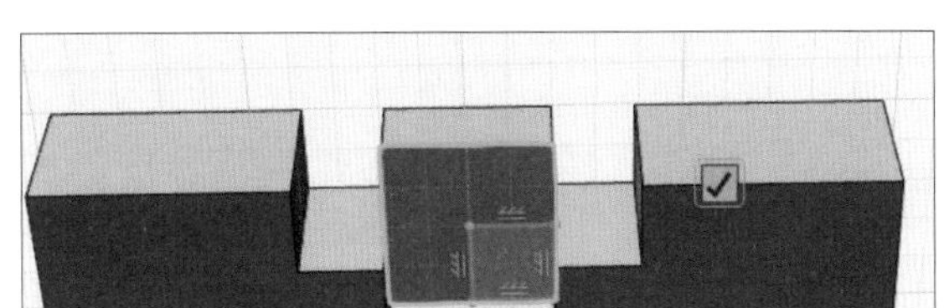

4 使用“构造”工具栏中的“拉伸”工具，将距离设置为 10mm，将模式设为合并，按回车键后，在长方体上增加小方块，完成第 6 柱绘制。

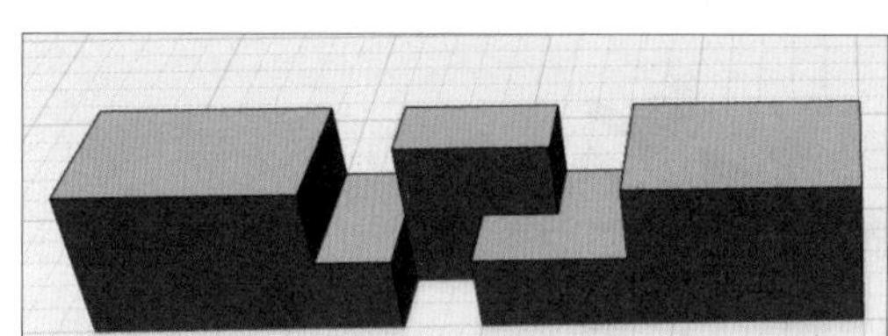

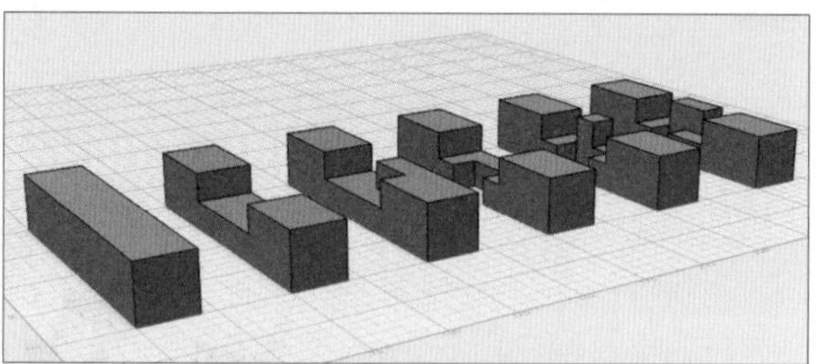

博物院

鲁班锁，也被称为孔明锁、别闷棍、六子联方、莫奈何、难人木、烦人锁、七号锁等，它是一种由多根木条组成的一件可拼可拆的玩具。鲁班锁的种类繁多，其中以最常见的由 6 根或 9 根木条组成的鲁班锁最为著名，后来又逐渐发展出了由 12 根或 24 根木条组成的高难度鲁班锁。

因为鲁班锁既可以锻炼人们的观察力又可以放松身心，所以深受人们的喜爱，现在常被用作益智玩具。关于鲁班锁有如下两个传说。

传说一：鲁班想知道儿子是否足够聪明，于是用 6 根木条制作一件可拆可拼的玩具，叫儿子拆开。儿子忙碌了一夜，终于拆开了。这种玩具就被人们称作鲁班锁。

传说二：鲁班锁是诸葛亮为研究八卦而发明的一种玩具，用一种咬合的方式把 3 组木条垂直相交固定，所以鲁班锁又被称为孔明锁。

从结构上看，鲁班锁起源于中国古代建筑中的榫卯结构。在不需要钉子或绳子的情况下，可以完全靠自身结构连接支撑，由玩具内部的凹凸部分啮合拼出特定的形状。鲁班锁代表着古代中国工匠机智灵巧的工匠精神，凝结着不平凡的人民智慧。

随着人们对鲁班锁的研究日益深入，又在标准鲁班锁的基础上派生出了许多其他高难度的鲁班锁，种类复杂多变。各种鲁班锁如图 7–3 所示，高难度鲁班锁如图 7–4 所示。

图7-3　各种鲁班锁

    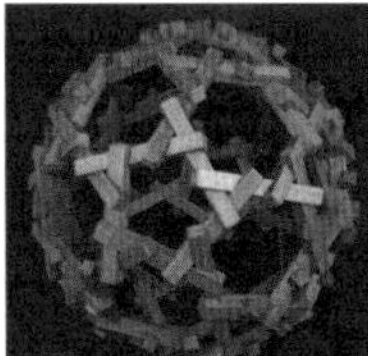

图7-4　高难度鲁班锁

加油站

现在我们学会了制作六柱鲁班锁，你能设计并制作其他样式的鲁班锁吗？（拓展任务奖励：2 颗智慧豆。）

行动记录

以图文形式，将探索、制作过程中的收获或遇到的问题记录在表 7-2 中。

表 7-2　行动记录表

我探索的步骤是	
我探索的主要成果有	
我学会了	
我还需要做到	

任务评定

1. 作品展示

收集作品，在现场或通过网络平台进行作品展示。活动小组内部讨论展示计划，各活动小组推选“发言人”对成果进行介绍。

根据展示情况，将对各小组作品的评价和建议填写在表 7-3 中。

表 7-3　作品评价反馈表

小组或作品名称	作品闪光点	可改进建议

2. 表现评定

通过自评或互评的方式，统计个人在活动中的表现，思考后期努力的方向，将表现记录在表 7-4 中。

表 7-4　表现评定表

记录人：　　　　　　　　　记录时间：

<table>
<tr><td colspan="2">本次活动获得智慧豆</td><td colspan="2"></td><td>总智慧豆</td><td></td></tr>
<tr><td colspan="2">本次活动获得经验值</td><td colspan="2"></td><td>总经验值</td><td></td></tr>
<tr><td rowspan="2">当前级别</td><td rowspan="2">□实习生
□设计师助理
□初级设计师
□中级设计师
□高级设计师
□资深设计师
□设计总监</td><td rowspan="2">是否申请升级？
□是
□否</td><td colspan="3">审核确认升级：</td></tr>
<tr><td colspan="3">后期努力的方向：</td></tr>
</table>

项目 8　游戏里的科学知识

阿杜："啦啦啦，看我的独一无二的鲁班锁！"

蛋蛋："给我看看可以吗？"

阿杜："当然可以。"

完成鲁班锁设计的小伙伴们很开心，他们边走边交流。

浩哥："快看，那里有跷跷板！"

橙子："哇，好多人排队啊！"

带孩子的妈妈："唉！青少年宫里的跷跷板太少了，我的孩子总是排队，如果跷跷板再多一点，设计得更有趣就好了。"

小艾："跷跷板的原理就是平衡，我们来设计跷跷板吧。"

橙子、蛋蛋（异口同声）："好呀！"

跷跷板示例如图 8-1 所示。

图8-1　跷跷板

个人任务

成功制作跷跷板 3D 模型（任务奖励：2 颗智慧豆）。

跷跷板 3D 模型如图 8-2 所示。

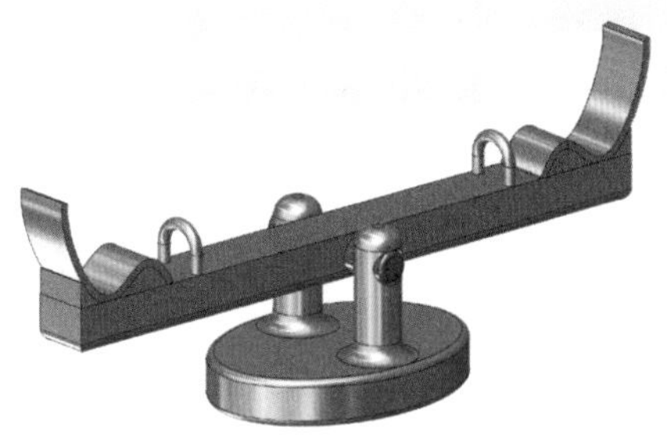

图8-2　跷跷板3D模型

团队任务

1. 了解跷跷板的组成结构（任务奖励：每位成员增加 50 经验值）。
2. 了解跷跷板的原理（任务奖励：每位成员增加 50 经验值）。
3. 使用 3D 设计软件，设计一个玩具级的跷跷板（任务奖励：每位成员增加 50 经验值）。

行动计划

1. 组成活动小组，小组成员之间展开讨论，确定分工，填写表 8-1。

表 8-1　＿＿＿＿＿＿小组行动计划

作品名称		组长	
人员分工			
具体工作		参与成员	完成时间
了解跷跷板的组成结构			
了解跷跷板的原理			
使用 123D Design 设计制作跷跷板 3D 模型			

2. 设计草图。设计属于自己的跷跷板 3D 模型，画出设计草图。

我的设计草图

3. 依据草图，结合生活中的经历，分析跷跷板的模型特点、建模过程及平衡原理。

知识点：对称；杠杆的结构及平衡原理。

查阅资料，完成表 8-2 中的概念梳理。

表 8-2　概念梳理

名词	含义	
对称		
杠杆	结构	
	类型及生活中实例	
	平衡原理	

（1）在制作跷跷板前，仔细分析跷跷板的结构，哪些结构是对称的？设计时要如何实现？

（2）组成跷跷板的基本图形有哪些？

（3）观察并分析跷跷板结构中的转动结构由哪些结构组成？如何进行设计与制作？

行动指南

按照计划进行设计与创作，在此过程中根据团队实际情况，不断完善初始设计方案，改进作品效果。

训练营

1. 制作跷跷板支撑架

1 绘制一个椭圆，并将该椭圆拉伸形成一个立体图形。

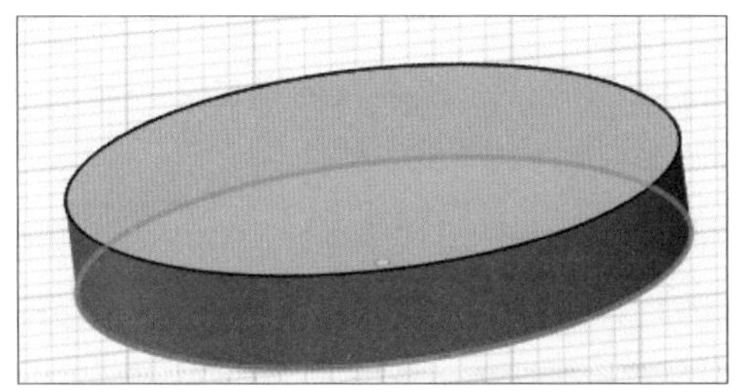

2 使用“基本体”工具栏中的“圆柱体”工具，创建一个圆柱体，将其向刚刚绘制的实体表面移动，圆柱体会自动吸附到椭圆形面的中心，再复制一个圆柱体，将两个圆柱体分别向两边移动同样的距离，保持对称。

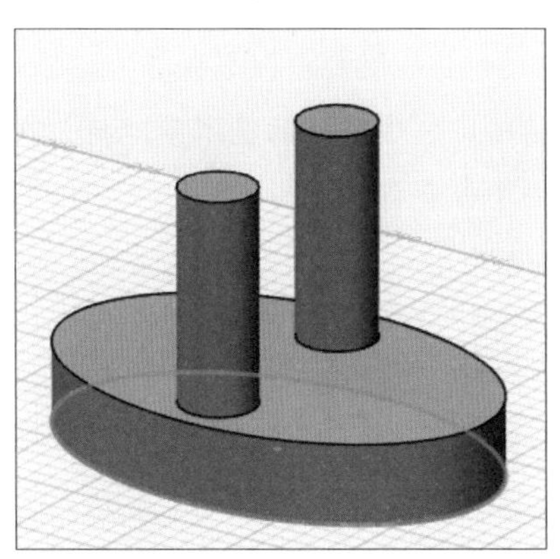

3 将上图 3 个实体进行合并，并对边缘和连接处进行圆角处理。

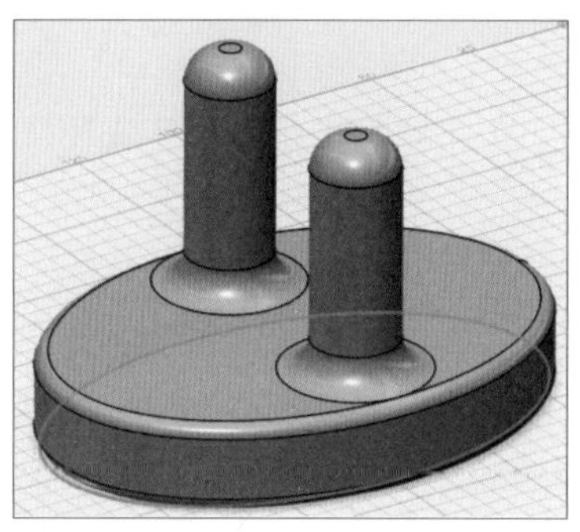

2. 设计跷跷板横板部分

通过前面的小组讨论我们知道了，跷跷板的横板由一根长杆、两个座位及两个把手组成，我们依次来完成对它们的设计。

1 绘制跷跷板横板的长杆部分。使用“基本体”工具栏中的“长方体”工具，绘制一个长方体并设置合适的长宽高，将其作为长杆，确保能将长杆放置于支撑架的两个圆柱体之间，并切换视角，将长杆上移一段距离。

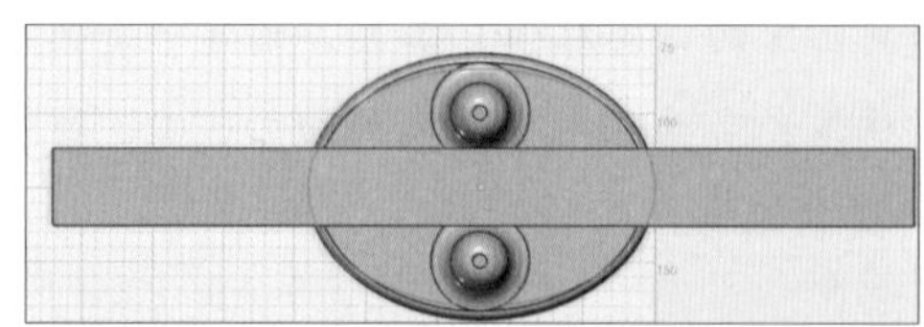

2 绘制跷跷板座椅。回顾项目 5 中设计的艺术景观椅，在此为你的跷跷板设计出个性化座椅吧，要考虑到安全性和舒适性。

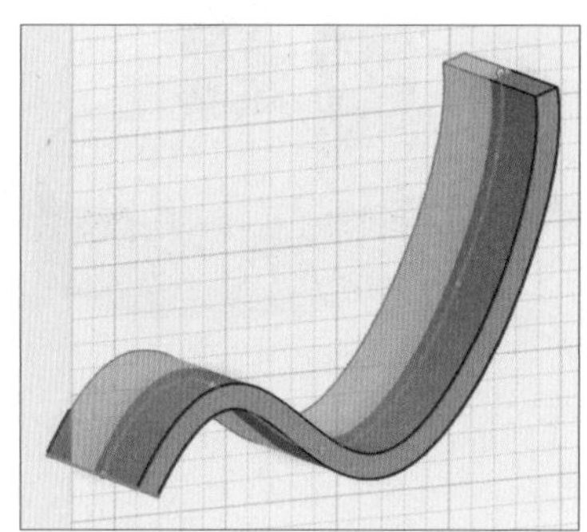

3 绘制座椅与长杆连接部分。为了增大座椅与长杆之间的接触面积，在座椅底部放置一个长方体，使用“修改”工具栏中的“分割实体”工具，删除长方体中位于座椅上方的部分，并对剩余部分进行合并。

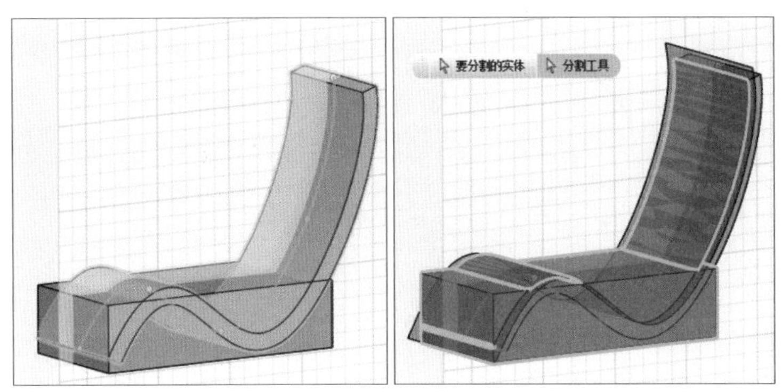

4 将座椅与长杆组合。选择“吸附”工具，将座椅吸附到长杆上。注意先选择要移动的部分，后选择吸附的目标位置，并将座椅平移至边缘。

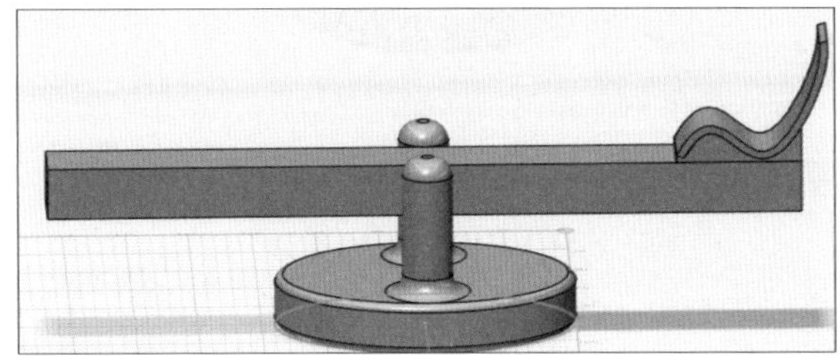

5 绘制座椅的轴对称图形。在网格底部，经过底部椭圆中心处绘制一条线段，将其作为镜像线，将座椅对称到另一边。

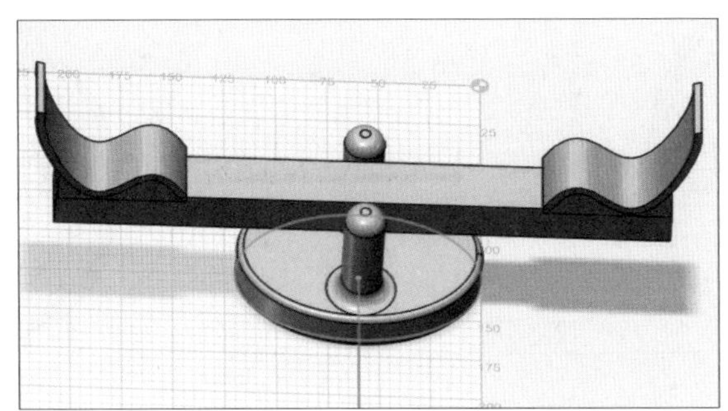

6 绘制跷跷板把手。选择“多段线”和“两点圆弧”工具绘制跷跷板把手的曲线，再绘制一个大小合适的圆形，并将其旋转至与之前的曲线端点垂直的位置，扫掠形成把手，然后将其平移到长杆上，镜像完成。

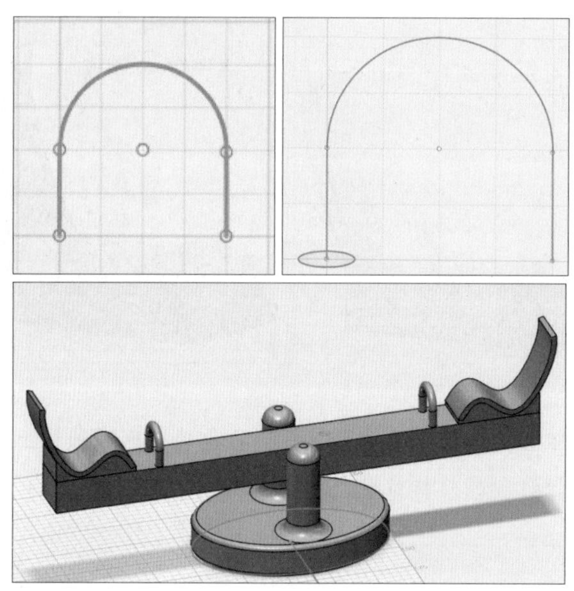

3. 设计跷跷板转轴部分

1 绘制转轴。使用“基本体”工具栏中的“圆柱体”工具，在网格上绘制一个直径和高度均合适的圆柱体，并将其平移至跷跷板转轴处，使用“修改”工具栏中的“压/拉”工具将超出立柱部分去除，并进行圆角处理。

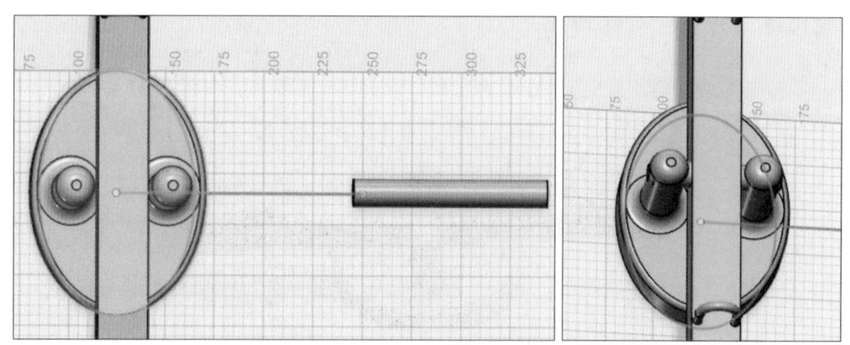

2 绘制转动结构。两次复制转轴圆柱体，并两次使用“合并”工具栏中的“相减”工具。第一次相减，目标实体为长杆，源实体为转轴圆柱；第二次相减，目标实体为立柱，源实体为转轴圆柱。记得隐藏转轴。

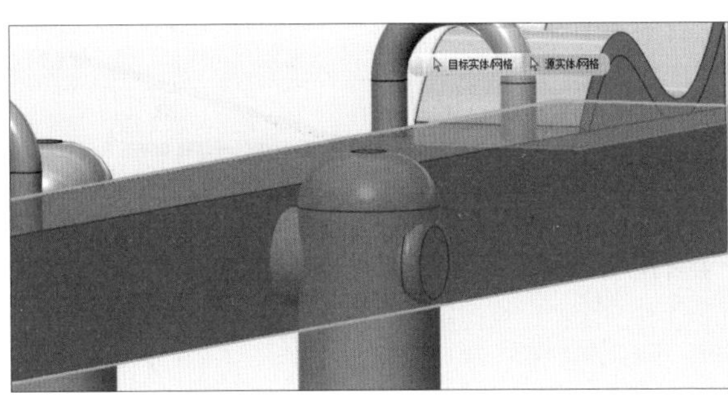

3 对长杆上的圆孔进行“压 / 拉”操作，令圆孔半径增大 1mm，立柱半径增大 0.5mm。（具体尺寸须根据实际情况而定）。

加油站

将设计好的跷跷板 3D 模型打印出来组装，设计科学小实验探究跷跷板两端平衡（杠杆平衡）的条件（拓展任务奖励：2 颗智慧豆）。将探究影响跷跷板平衡因素实验的过程记录在表 8-3 中。

表 8-3　探究影响跷跷板平衡因素实验记录表

探究因素	改变条件	实验结果

博物院

跷跷板蕴含着杠杆原理，这是物理学中的力学定理。古希腊科学家阿基米德在《论平面图形的平衡》一书中提出了该原理，他有一句名言广为流传——给我一个立足点，我就可以移动地球。

杠杆基本由以下 3 部分组成：支点、施力点、受力点，其中支点不一定在中间位置，改变支点的位置，可以得到不同的杠杆。杠杆可以分为费力杠杆、省力杠杆和等臂杠杆，常见的跷跷板都是等臂杠杆。要让杠杆平衡，作用在杠杆施力点的动力与动力到转轴（支点距离）的乘积和作用在受力点的阻力与阻力到支点距离的乘积要相等，即动力 × 动力臂 = 阻力 × 阻力臂。杠杆原理示意图如图 8–3 所示。

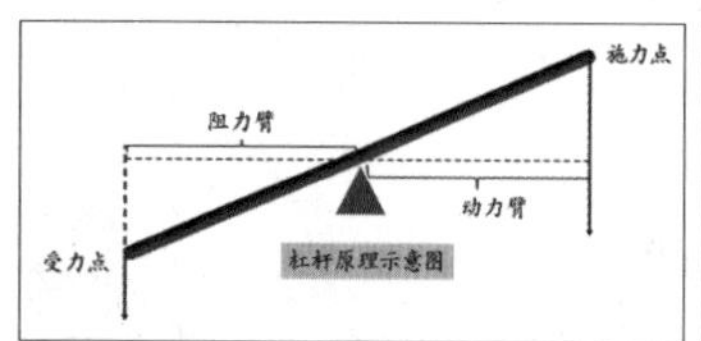

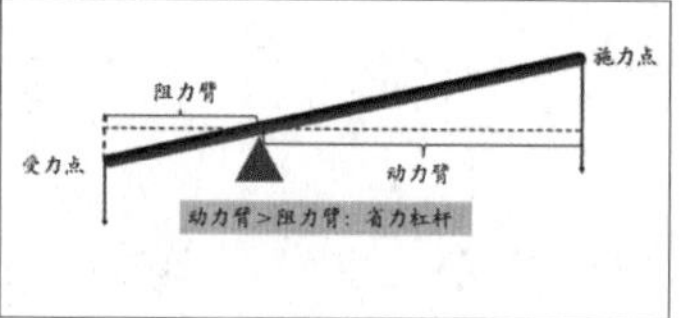

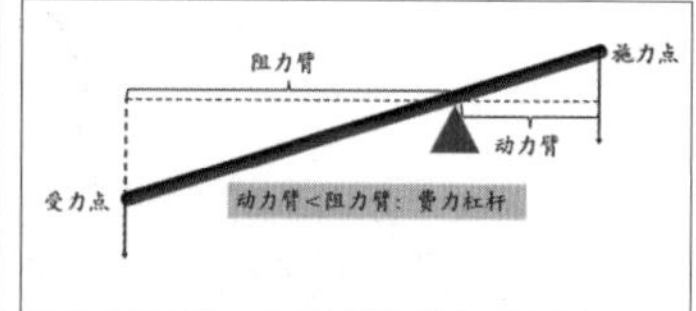

图8–3　杠杆原理示意图

行动记录

以图文形式，将探索、制作过程中的收获或遇到的问题记录在表 8–4 中。

表 8-4　行动记录表

我探索的步骤是	
我探索的主要成果有	
我学会了	
我还需要做到	

任务评定

1. 作品展示

收集作品，在现场或通过网络平台进行作品展示。活动小组内部讨论展示计划，各活动小组推选“发言人”对成果进行介绍。

根据展示情况，将对各小组作品的评价和建议填写在表8-5中。

表8-5 作品评价反馈表

小组或作品名称	作品闪光点	可改进建议

2. 表现评定

通过自评或互评的方式，统计个人在活动中的表现，思考后期努力的方向，将表现记录在表8-6中。

表8-6 表现评定表

记录人： 记录时间：

<table>
<tr><td colspan="2">本次活动获得智慧豆</td><td colspan="2"></td><td>总智慧豆</td><td></td></tr>
<tr><td colspan="2">本次活动获得经验值</td><td colspan="2"></td><td>总经验值</td><td></td></tr>
<tr><td rowspan="2">当前级别</td><td rowspan="2">□实习生
□设计师助理
□初级设计师
□中级设计师
□高级设计师
□资深设计师
□设计总监</td><td rowspan="2">是否申请升级？
□是
□否</td><td colspan="3">审核确认升级：</td></tr>
<tr><td colspan="3">后期努力的方向：</td></tr>
</table>

项目 9　时光邮筒

浩哥：“嘉年华活动真有趣啊！”

蛋蛋：“不过时间过得好快，如果能把快乐保留住就好了。”

浩哥：“保留快乐的方法？”

阿杜：“我们来设计时光邮筒，把今天的快乐告诉未来的我们，不就能保留快乐了吗？”

浩哥：“真是好办法！”

阿杜：“嗯，外形设计可以借鉴现有的邮筒样式。”

蛋蛋：“阿杜真棒！我们来设计吧！

个人任务

学习借助镜像工具快速构建轴对称图形，掌握抽壳功能，制作时光邮筒（任务奖励：2 颗智慧豆）。

时光邮筒 3D 模型示意图如 9-1 所示。

图9-1　时光邮筒3D模型

团队任务

1. 了解国内外邮筒的发展历史（任务奖励：每位成员增加 50 经验值）。
2. 了解什么是时光胶囊（任务奖励：每位成员增加 50 经验值）。

行动计划

1. 组成活动小组，小组成员之间展开讨论，确定分工，填写表 9-1。

表9-1　＿＿＿＿＿＿＿小组行动计划

作品名称		组长	
人员分工			
具体工作		参与成员	完成时间
了解国内外邮筒的发展历史			
了解有关时光胶囊的知识			
使用 123D Design 设计制作时光邮筒 3D 模型			

2. 设计草图。设计属于自己的时光邮筒 3D 模型，画出设计草图。

我的设计草图

3. 依据草图，运用相关数学知识，思考时光邮筒 3D 模型的建模过程。

知识点：轴对称图形；圆柱体、半球体等几何体的特征；三视图。

回顾知识，并将每个词汇的含义填入表 9–2 中。

表9-2　概念梳理

名词	含义
轴对称图形	
圆柱体	
半球体	
三视图	

（1）在制作时光邮筒外形的时候，如何利用数学轴对称的知识，来对它的外形进行建模？

（2）时光邮筒的基本外形是由哪些几何体组成的？

（3）如何掏空时光邮筒的内部？

行动指南

按照计划进行设计与创作，在此过程中根据团队实际情况，不断完善初始设计方案，改进作品效果。

训练营

1. 制作时光邮筒外形

1 使用“基本体”工具栏中的“圆柱体”工具，创建一个半径为10mm、高度为20mm圆柱体，再创建一个半径为10mm的半球体，选择“合并”工具栏中的“合并”工具，将两个对象合并为一个实体，并将该实体作为邮筒的上半部分。

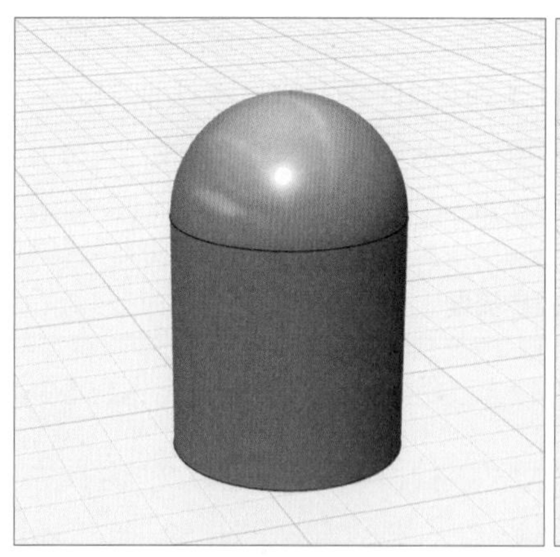

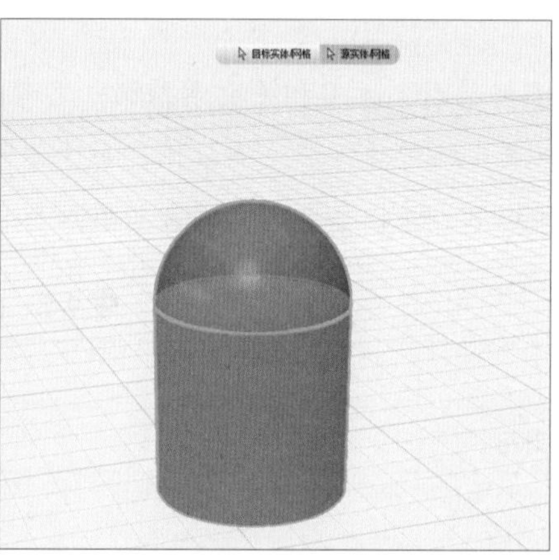

2 选择“镜像工具”，利用实体自身的面执行镜像操作，单击选择圆柱和半球的组合作为要镜像的实体，单击圆柱体最底面作为镜像平面的参考，就会在平面的另一侧镜像出实体。再用“移动”工具，将两个实体移动到平面上。

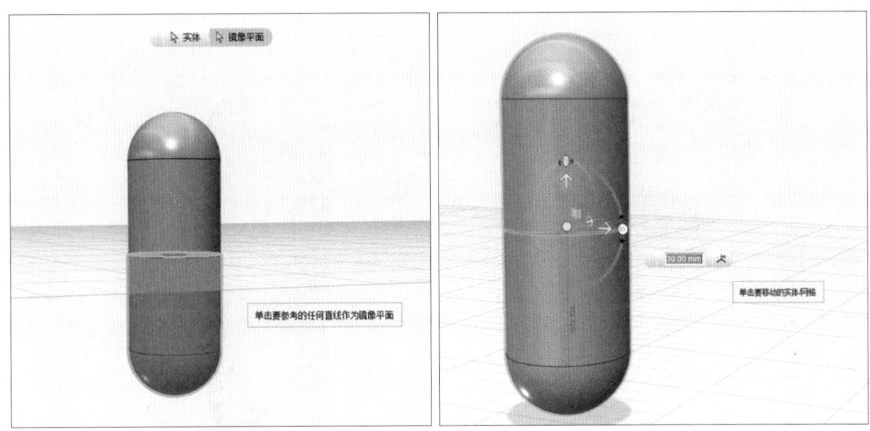

2. 制作时光邮筒内部

1 隐藏实体。单击邮筒的上半部，选择“隐藏”工具，将邮筒上半部隐藏起来。

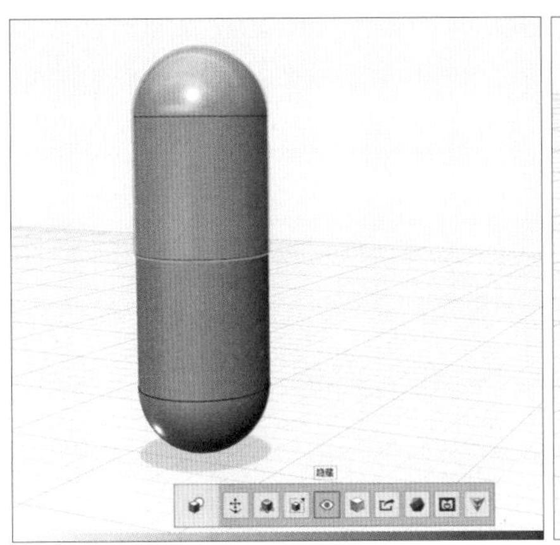

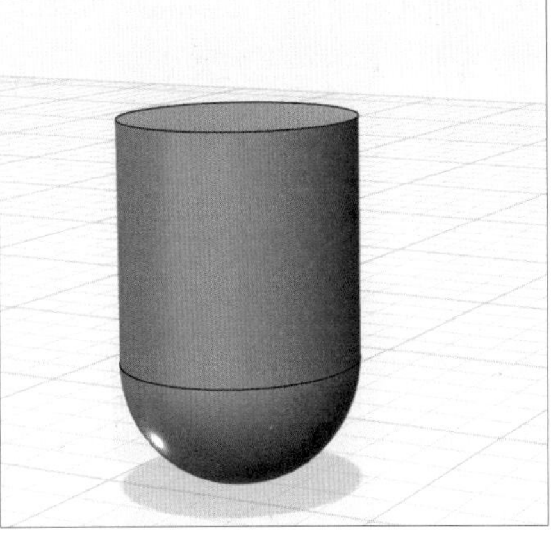

2 掏空邮筒内部。选择“修改”工具栏中的“抽壳”工具，对合并体的上表面进行抽壳，当屏幕下方出现数字输入框，在内壁厚度处输入 1，单击邮筒下半部的顶面，就挖空了邮筒的内部。使用鼠标光标拖动出现的箭头，可以调节壁厚。再用同样的方法，将邮筒下部分隐藏，对邮筒上半部进行抽壳。

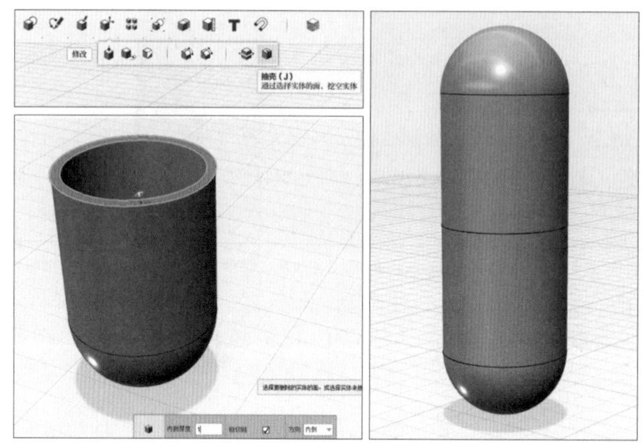

3 使用“基本体”工具栏中的“长方体”工具，创建一个尺寸为 10mm × 4mm × 4mm 的小的长方体插入邮筒里面，使用“相减”功能制作出邮筒的邮递口。完善邮筒的主体部分，再创建一个尺寸为 8mm × 8mm × 1mm 的长方体，将其放在邮筒上。在此之上用草图矩形画出一个小一点的尺寸为 4mm × 4mm 的正方形，并对其进行拉伸，制作出邮筒的小门。

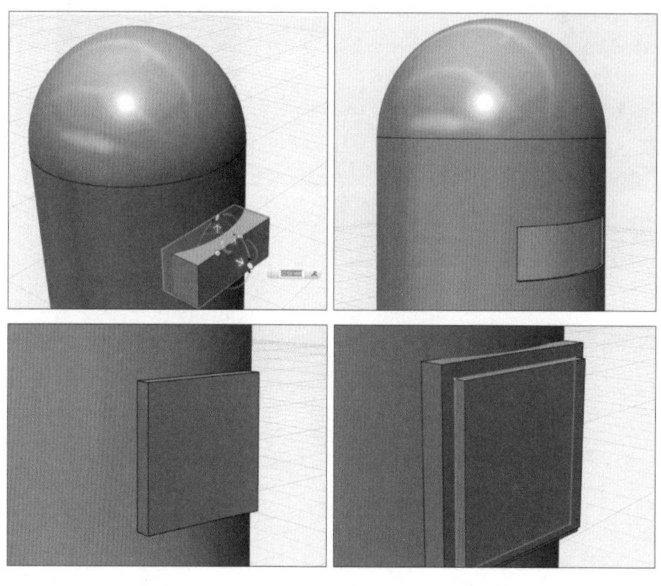

4 创建一个半径 0.5mm 的半球体放在制作完成的小门上，将其作为把手。

3. 制作时光邮筒上的文字

1 创建邮筒上面的文字，使用“文字”工具输入“时光邮筒”4个字，设置文字的高度，拉伸实体，拉伸厚度大一些。选中全部模型，旋转适当的角度，使用“成组”工具，将文字模型编组，移动文字与圆柱全部相交。

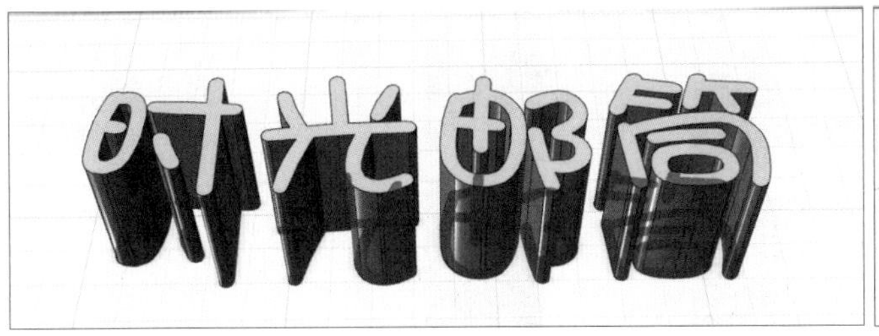

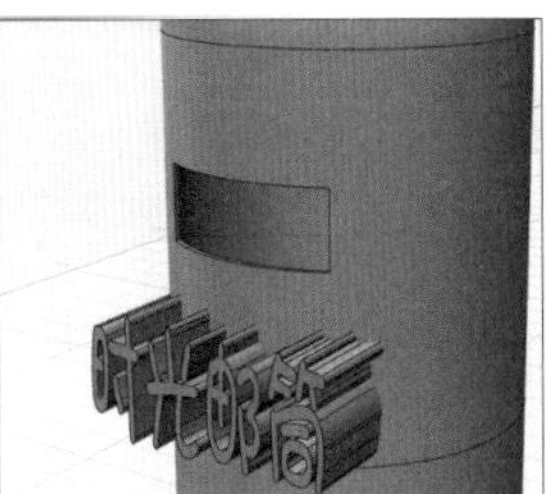

2 为了保证位置的正确性，可能需要将视图切换为俯视图和侧视图，观察模型的具体位置。再选择“分割实体”工具，单击圆柱，将其作为要分割的实体，选择文字模型将其作为分割图元（注意虽然文字模型已成组，但还是不能一次选中它们，需要按Ctrl键，分别选择模型）。

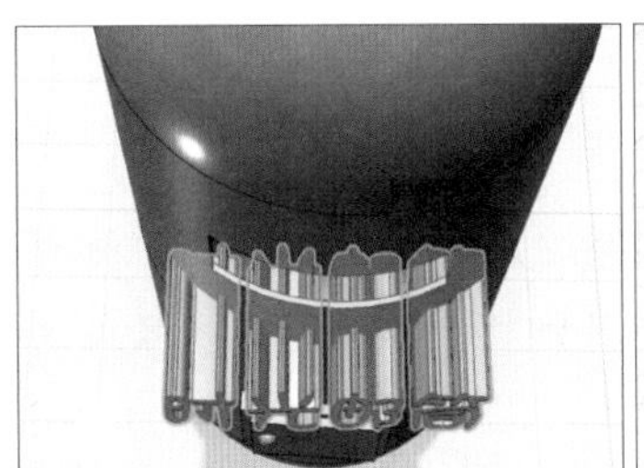

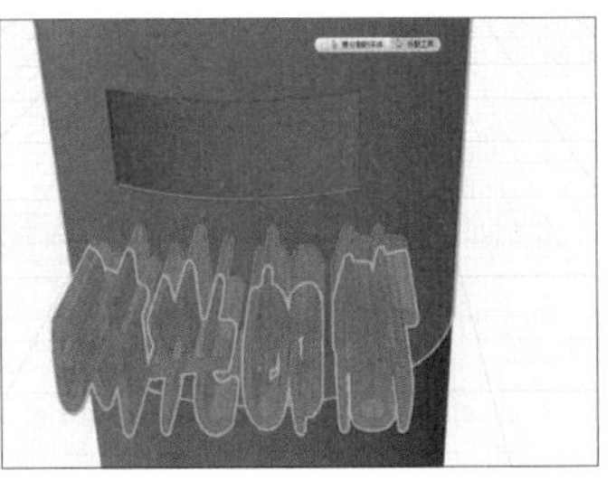

3 按回车键确认，选择露在外面的文字模型，按 Delete 键删除这些文字模型，就得到了圆柱上的字形。再单击“文字”工具，使用“缩放”工具，选择不等比例缩放模式，拖动指向圆柱面外侧的箭头，也可以给定固定的数值，这样文字是沿着圆柱面分布的，感觉文字模型是从圆柱面上拉出的。同时可以选中某个文字，选择调整工具，微调它的厚度。

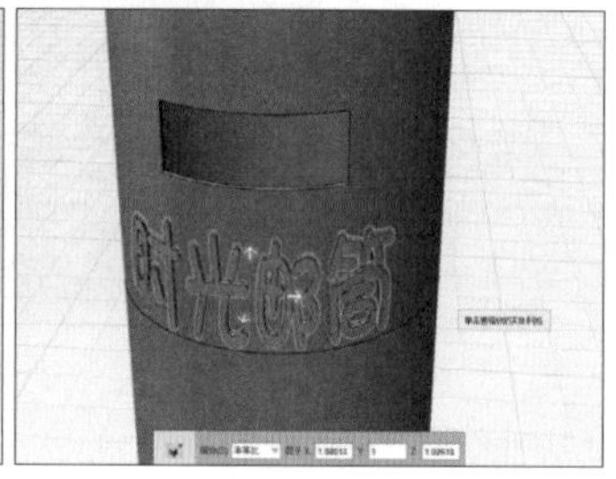

4 为对应模型选择不同的材质，用“基本体”工具栏中的“半球体”工具（半径为 2mm）通过环形阵列装饰邮筒顶部和底部，并选择对应的材质。最后注意合并所有模型。

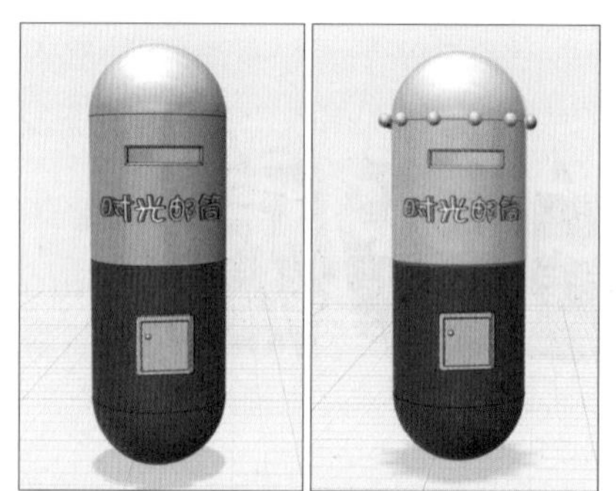

加油站

精确的尺寸是建模中非常重要的内容，特别是在工程领域，要求模型的尺寸必须准确。在使用布尔运算的合并、相减与相交操作等命令时，需要多观察物体的构成，将它们分解成一些基本形体，然后使用适当的方法创建出来，同时 3D 建模并不是 1+1=2 的事情，有多种方法可以得到最终模型。

额外任务：邮筒的外观多种多样，如图 9-2 所示，带有遮阳功能的凉亭款邮筒、像上海电视塔的地标款邮筒、像火车头的可爱款邮筒，同学们可以根据前面的学习，来设计一款不同样式且带有其他功能的邮筒吗？

图9-2　多种多样的邮筒

行动记录

以图文形式，将探索、制作过程中的收获或遇到的问题记录在表 9-3 中。

表 9-3　行动记录表

我探索的步骤是	
我探索的主要成果有	
我学会了	
我还需要做到	

任务评定

1. 作品展示

收集作品，在现场或通过网络平台进行作品展示。活动小组内部讨论展示计划，各活动小组推选“发言人”对成果进行介绍。

根据展示情况，将对各小组作品的评价和建议填写在表 9-4 中。

表 9-4 作品评价反馈表

小组或作品名称	作品闪光点	可改进建议

2. 表现评定

通过自评或互评的方式，统计个人在活动中的表现，思考后期努力的方向，将表现记录在表 9-5 中。

表 9-5 表现评定表

记录人： 记录时间：

本次活动获得智慧豆		总智慧豆	
本次活动获得经验值		总经验值	
当前级别	□实习生 □设计师助理 □初级设计师 □中级设计师 □高级设计师 □资深设计师 □设计总监	是否申请升级？ □是 □否	审核确认升级： 后期努力的方向：

项目 10　各种各样的汽车

蛋蛋：“看着展板上的小镇发展历程，真是令人感慨啊！”

小艾：“感慨什么呀？”

蛋蛋：“谈起宁静美丽，咱们智绘小镇那是无可比拟的。可是，现在科技发展这么快，我们的小镇也该匹配先进的交通工具，方便人们的出行。”

浩哥：“那咱们就根据小镇的道路特点，设计一款合适的 3D 打印汽车模型吧！”

各种各样的汽车如图 10-1 所示。

图10-1　各种各样的汽车

汽车的基本构造有：车身、车轮、门窗、车灯等。现在的汽车外形、功能丰富多样，还有无人驾驶汽车（见图 10-2）、太阳能汽车、电动汽车等。每辆汽车都有自己的独特功能，只要细心观察，你就会有所发现。如果你是设计师，你想设计怎样的汽车呢？

个人任务

制作 3D 打印小车（任务奖励：经验值 100，2 颗智慧豆）。

3D 打印汽车模型示例如图 10-3 所示。

图10-2　无人驾驶汽车

团队任务

1. 了解汽车的发展与汽车的结构（任务奖励：每位成员增加 50 经验值，1 颗智慧豆）。

2. 使用 3D 打印软件，制作一个 3D 打印汽车模型，作品外形不限（任务奖励：每位成员增加 50 经验值，1 颗智慧豆）。

图10-3　3D打印汽车模型

行动计划

1. 组成活动小组，小组成员之间展开讨论，确定分工，填写表 10-1。

表 10-1　＿＿＿＿＿＿小组行动计划

作品名称		组长	
人员分工			
具体工作		参与成员	完成时间
了解汽车的发展			
了解汽车的结构			
使用 123D Design 设计制作 3D 打印汽车模型			

2. 设计草图。设计属于自己的 3D 打印汽车模型，画出设计草图。

我的设计草图

行动指南

按照计划进行设计与创作，在此过程中根据团队实际情况，不断完善初始设计方案，改进作品效果。

训练营

1 打开 123D Design 软件后将视图切换到顶视图，使用“样条曲线”工具，在工作面上绘制草图轮廓。

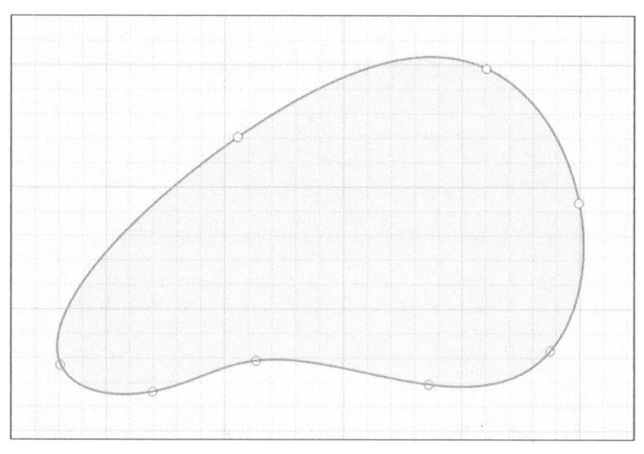

2 调整草图形状后，用拉伸工具画出小车车身。

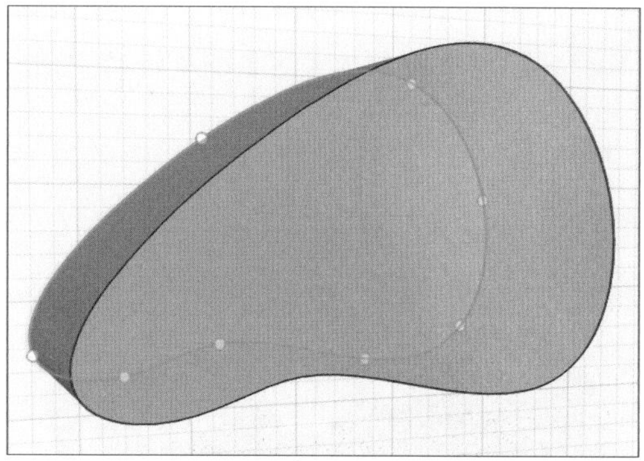

3 将车身倒圆角后，制作车轮。

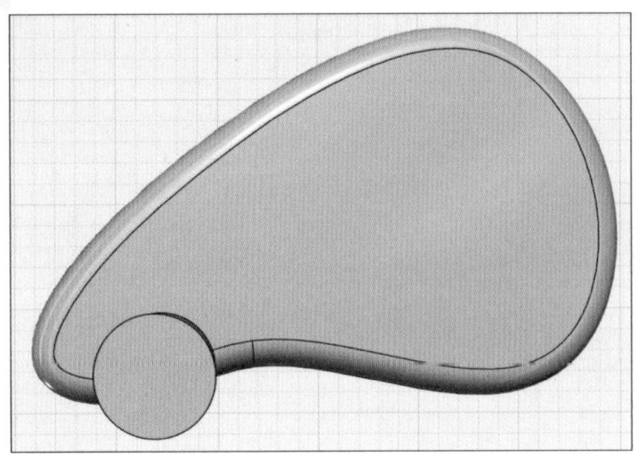

4 按照大致比例画 4 个圆柱体。

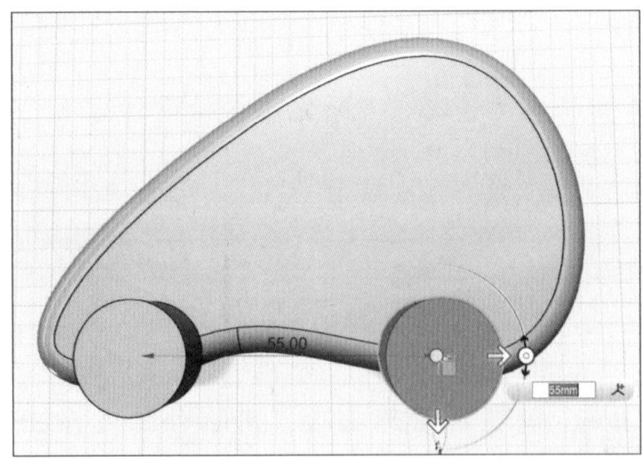

5 将两个圆柱体向后移动到后轮的位置，4 个圆柱体占用 4 个车轮的空间。

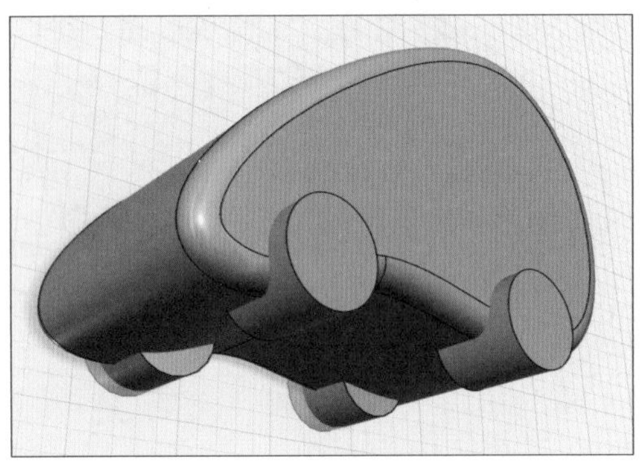

6 利用“相减”工具去掉 4 个圆柱体。

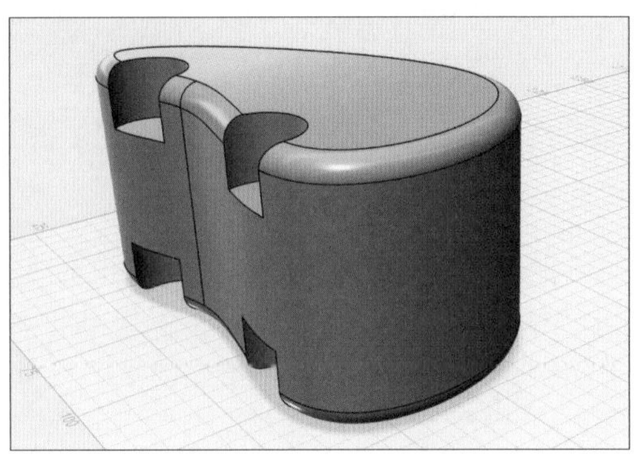

7 在左前轮的位置，画一个半径略小于前面圆柱体的圆，向上移动 1~2mm 并进行拉伸，形成左前轮。

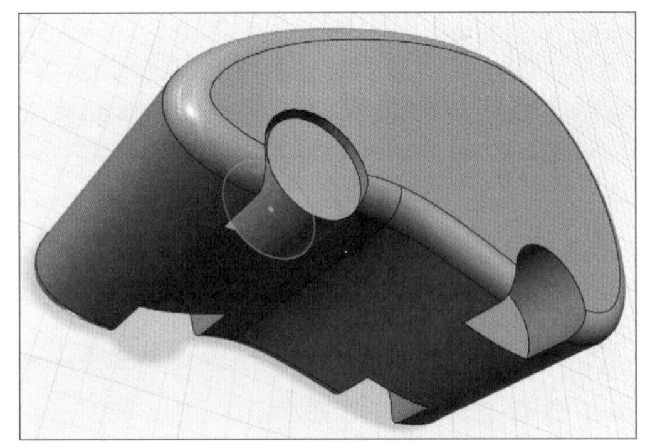

8 用相同的方法得到另外 3 个车轮。

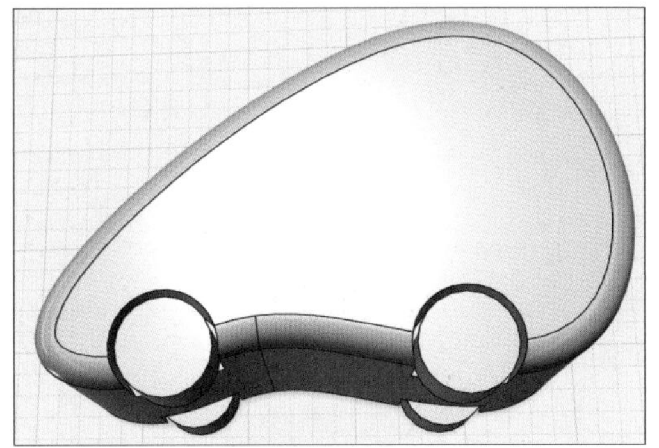

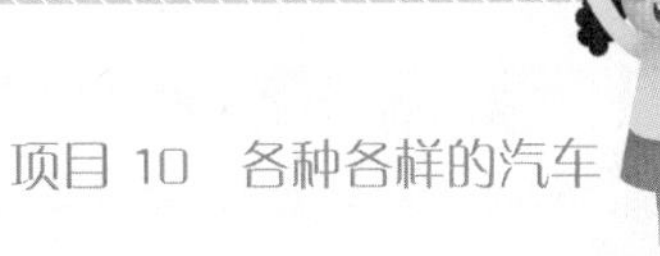

9 制作车轴，在前轮中心位置，绘制一个圆柱体作为车轴，将前轮车轴复制粘贴，移动到后轮中间处，作为后轮车轴。

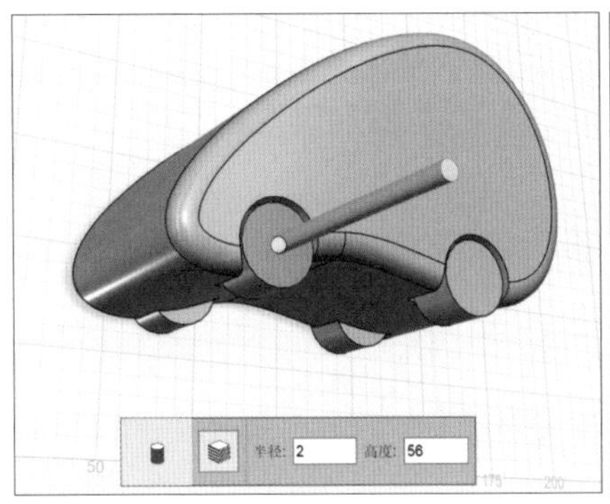

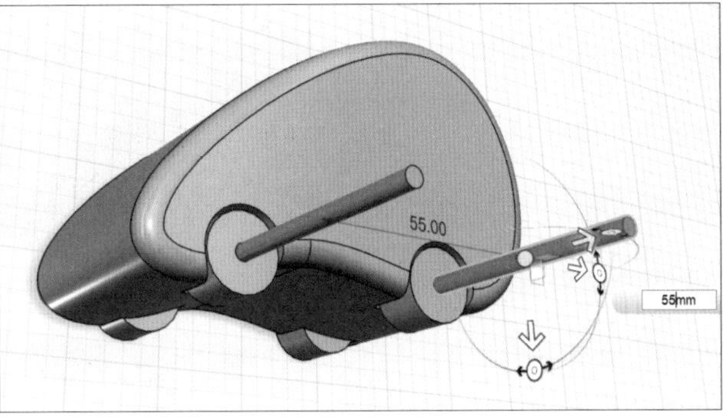

10 将两个车轴向平台方向移动，将车轴移到车轮的中心位置。

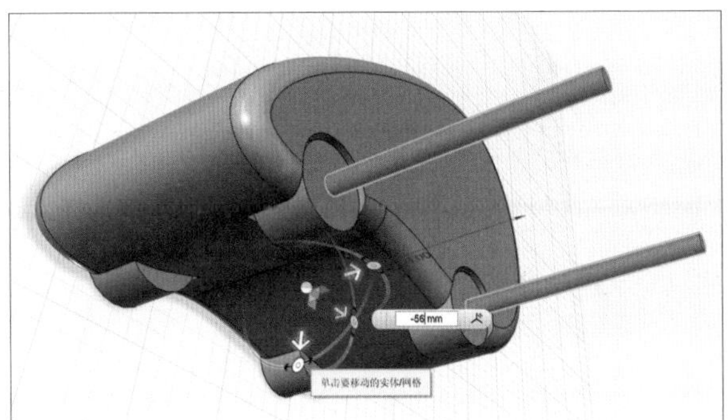

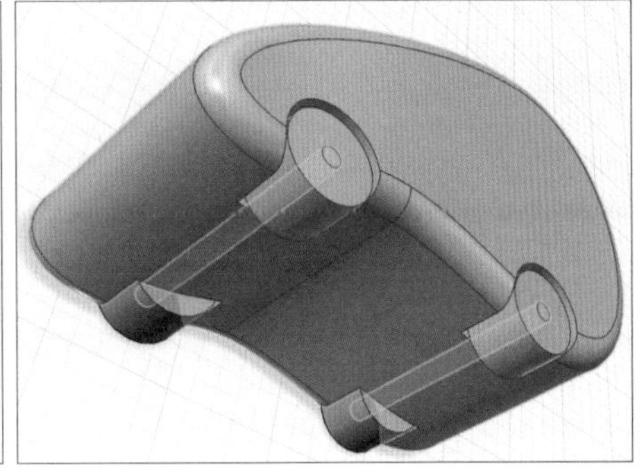

11 隐藏车身，将车轮和车轴合并，将车轮边沿略微倒角。

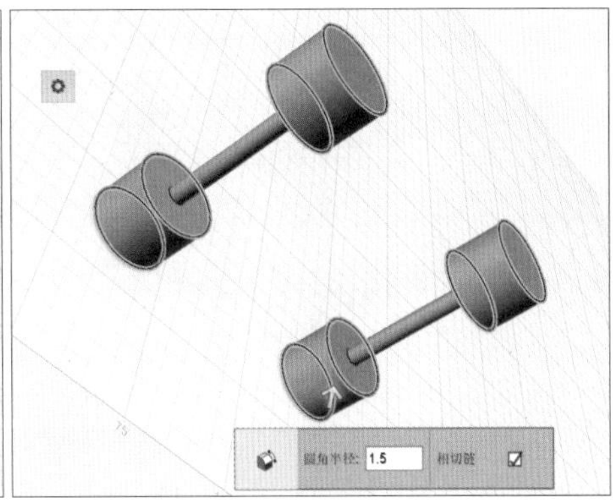

12 显示所有实体。

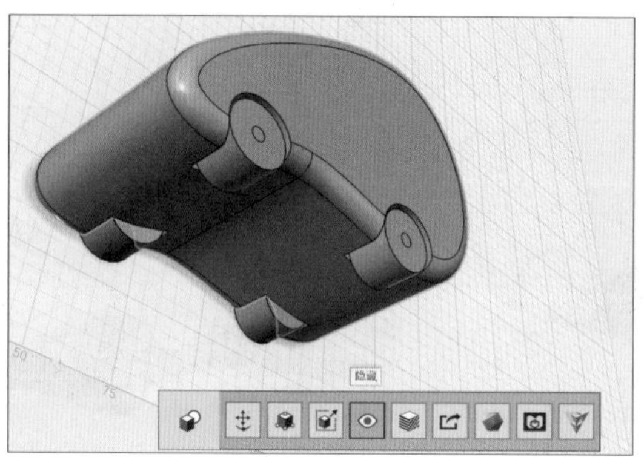

13 绘制车窗。绘制一个椭圆，利用“旋转”工具对椭圆进行适当旋转。

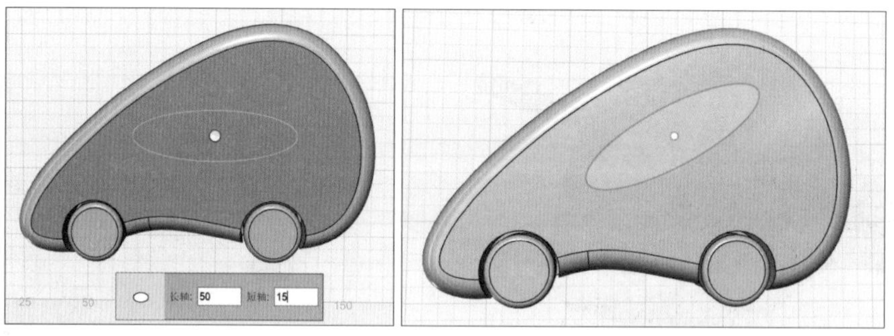

14 将椭圆进行拉伸，形成车窗效果。

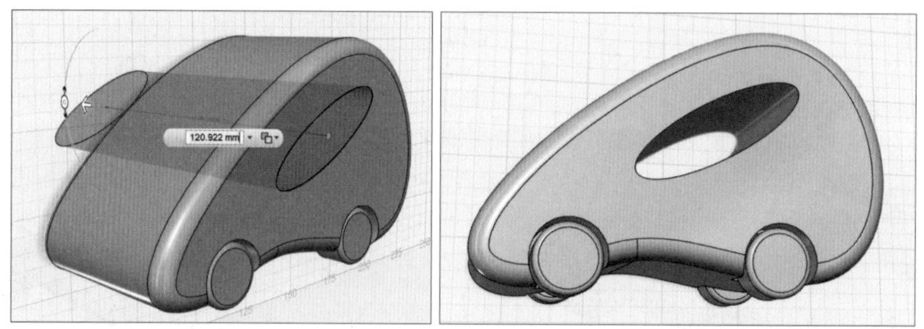

加油站

学会了基本的绘制工具。你能够设计一种你喜欢的汽车模型吗？（任务奖励：经验值 50，2 颗智慧豆）。

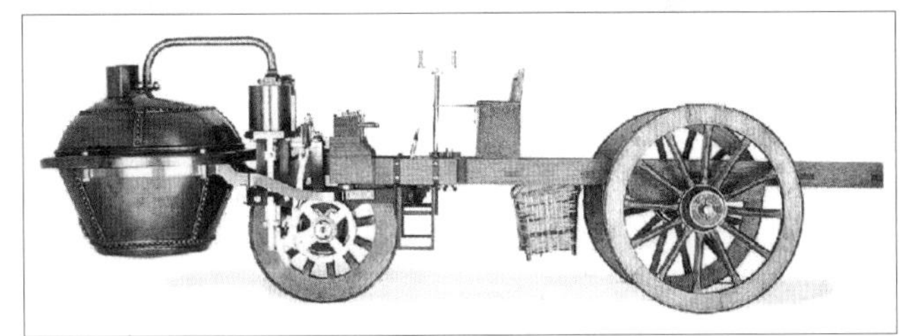

图10-4　法国古诺研制的第一辆蒸汽汽车

博物馆

1769 年，法国人古诺经过 6 年时间研制出了第一辆蒸汽汽车（见图 10-4）。1901 年，第一辆汽车运到了上海。1958 年，我国成功试制第一辆红旗高级轿车。

行动记录

使用图文形式，将探索、制作过程中的收获或遇到的问题记录在表 10-2 中。

表 10-2　行动记录表

我探索的步骤是	
我探索的主要成果有	
我学会了	
我还需要做到	

任务评定

1. 作品展示

收集作品，在现场或通过网络平台进行作品展示。活动小组内部讨论展示计划，各活动小组推选“发言人”对成果进行介绍。

根据展示情况，将对各小组作品的评价和建议填写在表 10-3 中。

表 10-3　作品评价反馈表

小组或作品名称	作品闪光点	可改进建议

2. 表现评定

通过自评或互评的方式，统计个人在活动中的表现，思考后期努力的方向，将表现记录在表 10-4 中。

表 10-4　表现评定表

记录人：　　　　　　　　　　记录时间：

<table>
<tr><td colspan="2">本次活动获得智慧豆</td><td colspan="2"></td><td>总智慧豆</td><td></td></tr>
<tr><td colspan="2">本次活动获得经验值</td><td colspan="2"></td><td>总经验值</td><td></td></tr>
<tr><td rowspan="2">当前级别</td><td rowspan="2">□实习生
□设计师助理
□初级设计师
□中级设计师
□高级设计师
□资深设计师
□设计总监</td><td rowspan="2">是否申请升级？
□是
□否</td><td colspan="3">审核确认升级：</td></tr>
<tr><td colspan="3">后期努力的方向：</td></tr>
</table>

项目 11　一叶扁舟泛湖面

浩哥：“大家看看，我们已经设计了陆地交通工具，还有没有其他交通工具，需要我们一展身手呢？”

小艾：“要不我们为智绘小镇的母亲河——智绘河，设计一批小船，既是水上交通工具，又可以游玩使用，说不定能在很大程度上促进小镇的旅游业发展哦！”

阿杜：“太简单了，就让我这个‘设计之星’来教你们怎么设计吧，哈哈哈。”

小船示例如图 11-1 所示。

图11-1　小船示例

个人任务

成功设计制作 3D 打印小船（任务奖励：经验值 100，2 颗智慧豆）。3D 打印小船示例如图 11-2 所示。

图11-2　3D打印小船示例

团队任务

1. 了解与船有关的中国文化（任务奖励：每位成员增加 50 经验值，1 颗智慧豆）。

2. 制作多款 3D 打印小船，探究小船在水里的平衡与哪些因素有关（任务奖励：每位成员增加 50 经验值，1 颗智慧豆）。

行动计划

1. 组成活动小组，小组成员之间展开讨论，确定分工，填写表 11-1。

表 11-1 ____________ 小组行动计划

作品名称		组长	
人员分工			
具体工作		参与成员	完成时间
确定需求分析			
使用 123D Design 设计制作 3D 打印小船			
了解与船有关的中国文化			
打印小船模型进行测试			

2. 设计草图。设计属于自己的 3D 打印小船，画出设计草图。

我的设计草图

行动指南

按照计划进行设计与创作，在此过程中根据团队实际情况，不断完善初始设计方案，改进作品效果。

训练营

1 利用“样条曲线”工具绘制曲线。

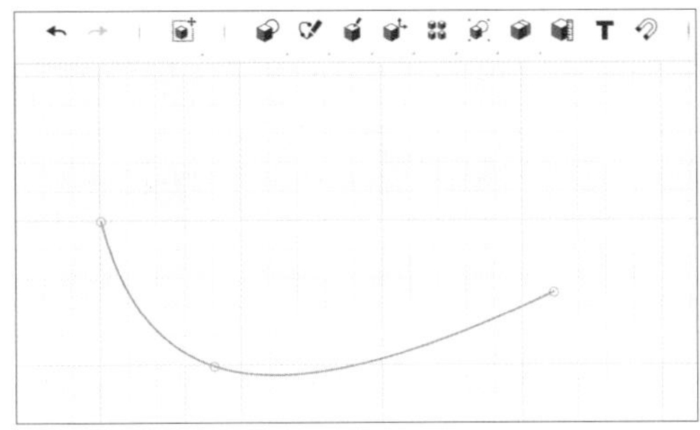

2 利用“多段线”工具完成封闭图形的绘制。

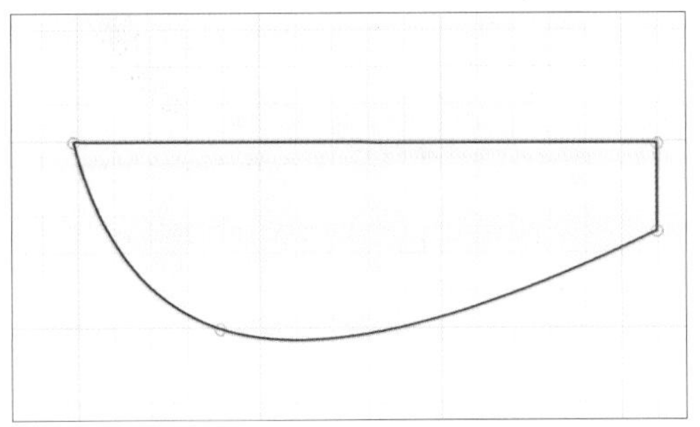

3 利用“旋转”工具将平面转化为立体。

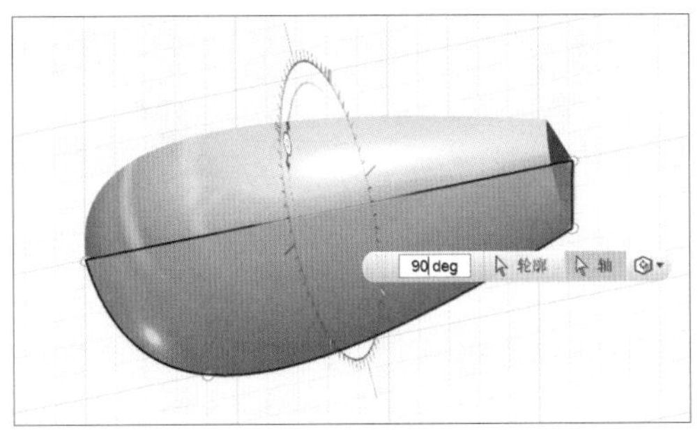

4 得到最终图形。

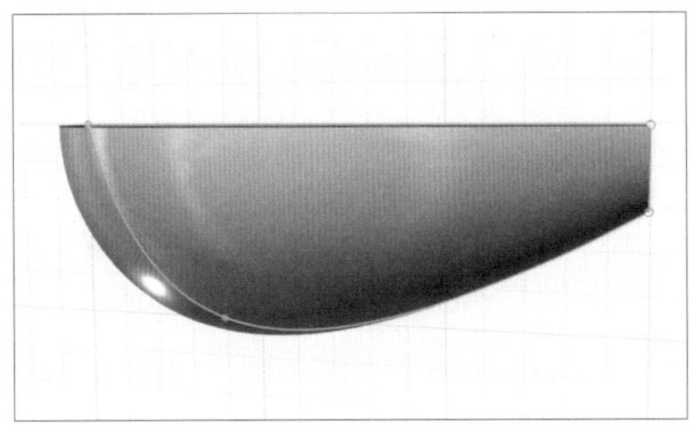

5 利用“镜像”工具将上步得到的图形镜像。

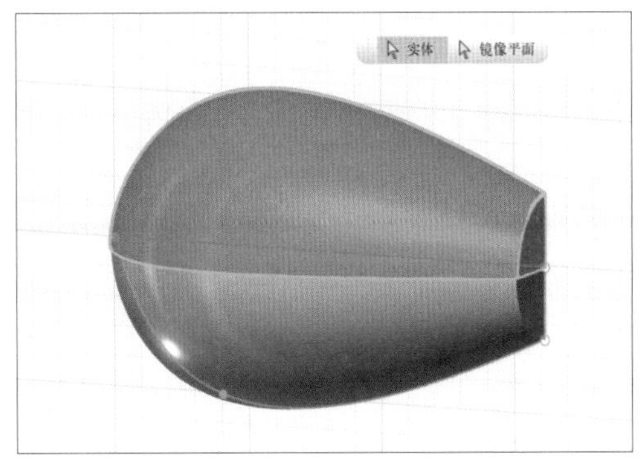

6 将镜像后得到的两个实体合并。

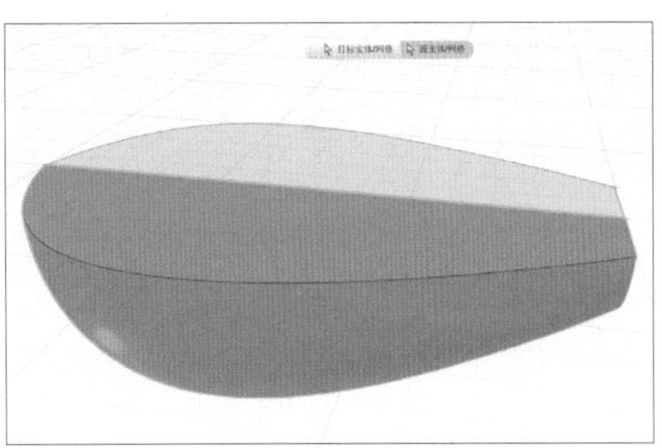

7 通过投影得到船面。

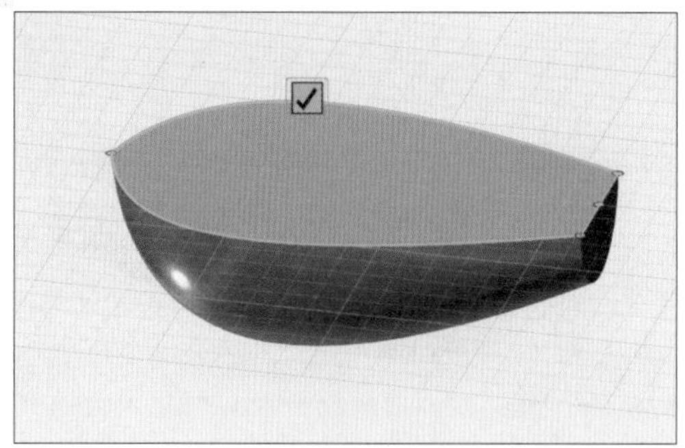

8 删除实体，只留下投影平面。

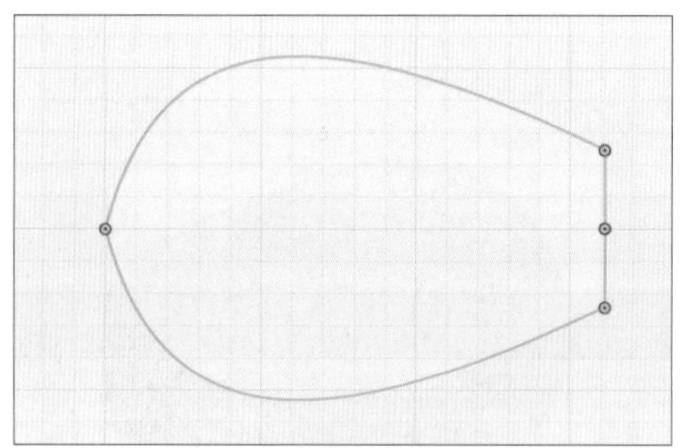

9 将平面复制粘贴后，利用移动工具将其中一个平面向下移动一段距离。

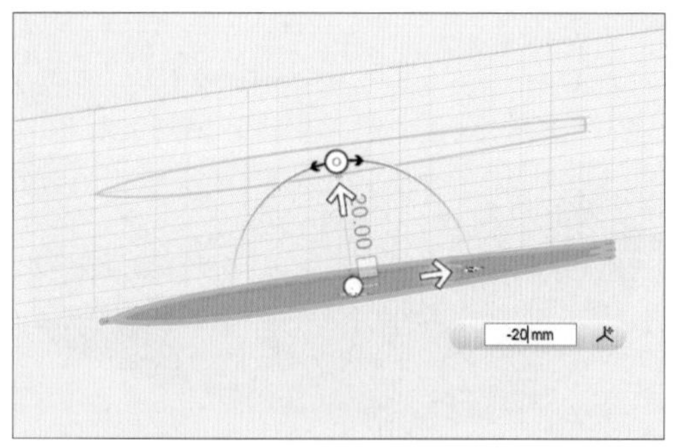

10 将底下平面缩小后，旋转一定角度。

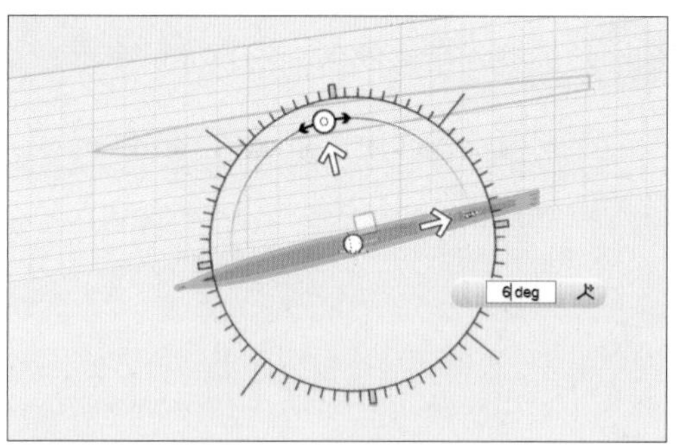

11 对两个平面进行放样。

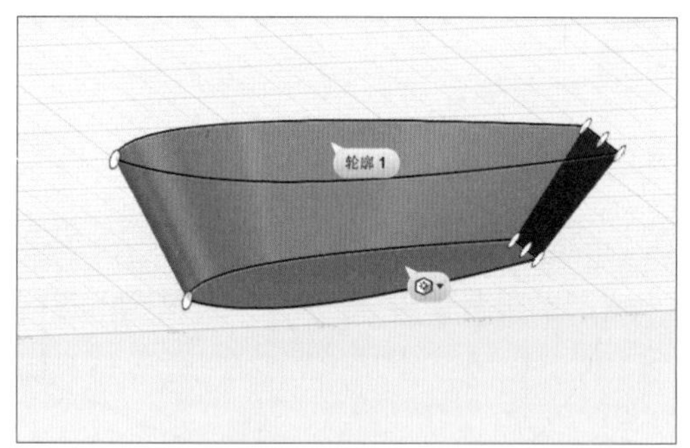

12 隐藏草图后，利用“圆角”工具对边缘部分进行倒角。

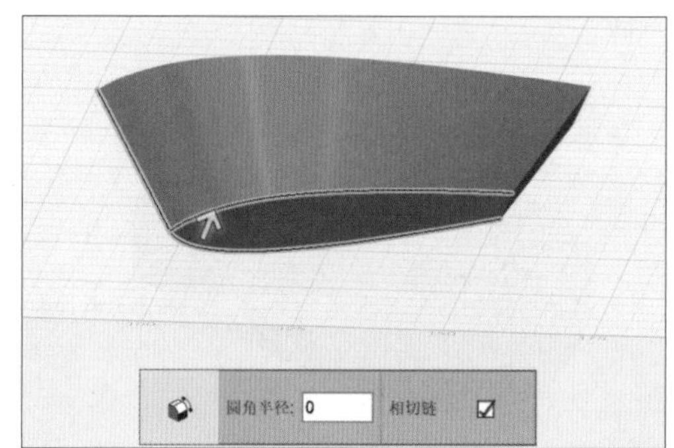

13 给定最大圆角半径，进行倒角。

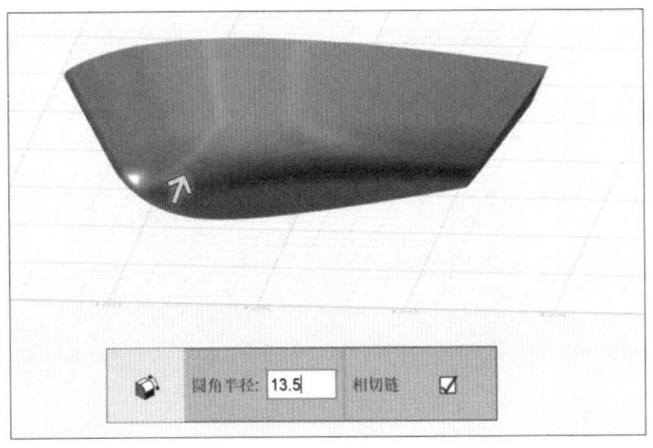

14 对船体进行抽壳。

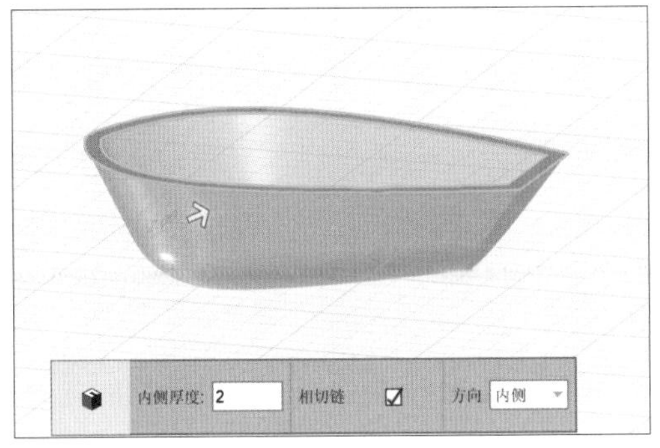

15 利用“基本体”工具栏中的“长方体”工具，绘制一个大小合适的长方体。

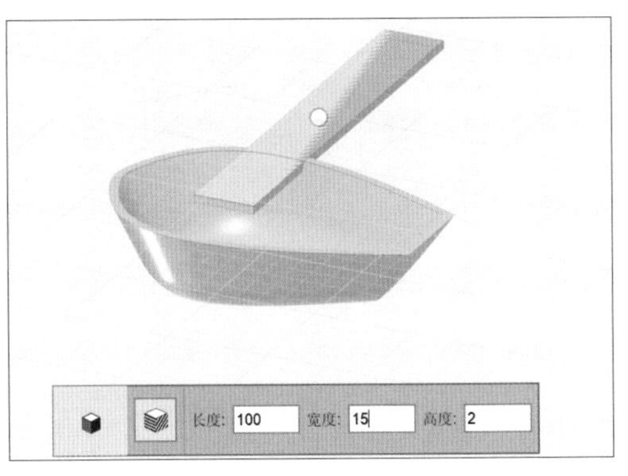

16 将长方体移到合适的位置。

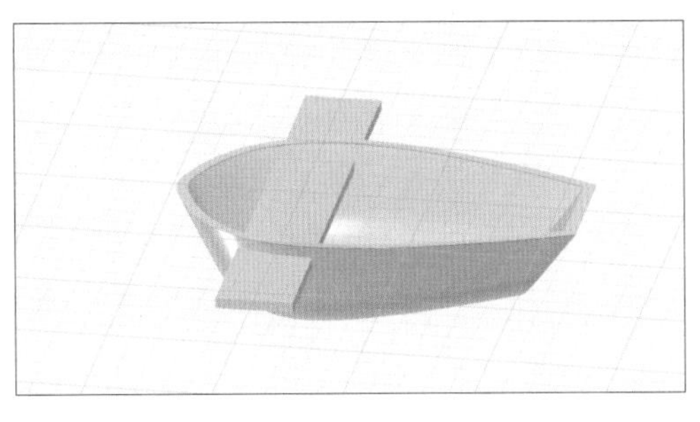

17 将长方体复制粘贴后，横向移动一段距离。

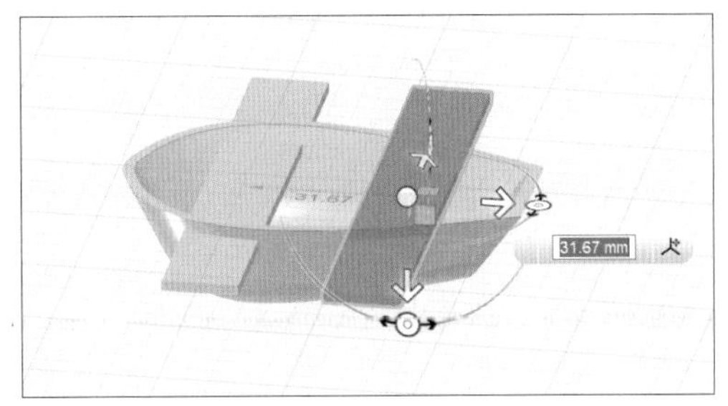

18 对两个长方体进行切割。

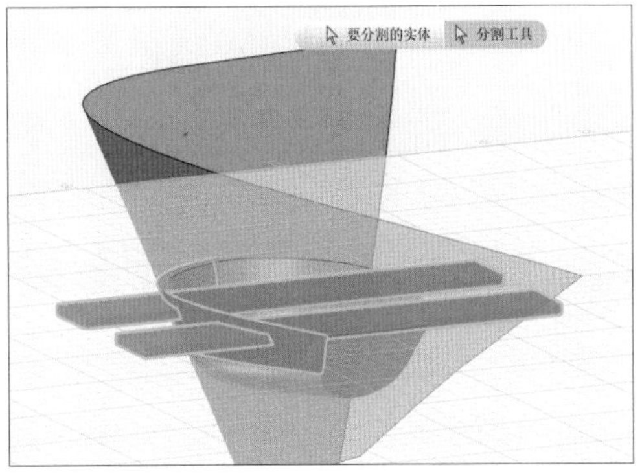

19 删除一侧多余部分。

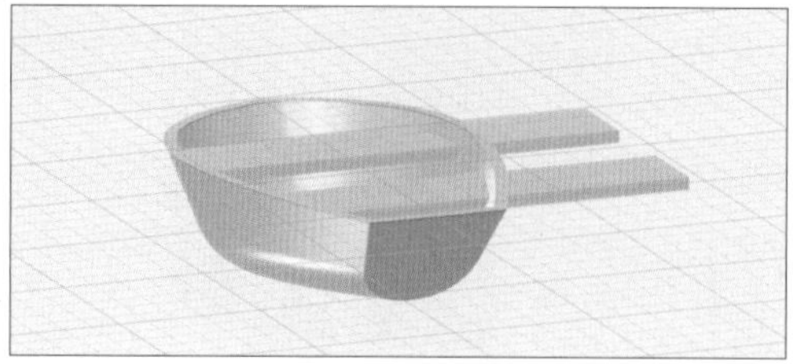

20 按照第 19 步，删除另一侧多余部分。

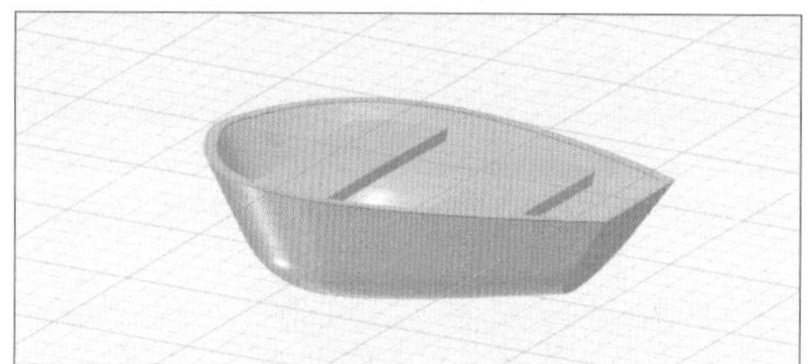

21 利用“合并”工具将 3 个部件合并。

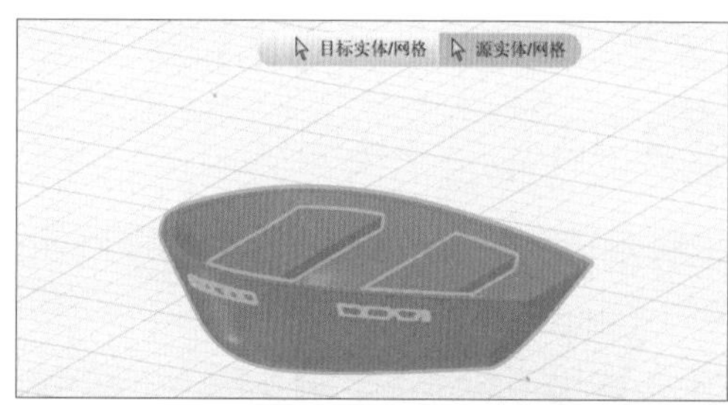

22 利用“拉伸”工具将部分图形拉伸一定距离。

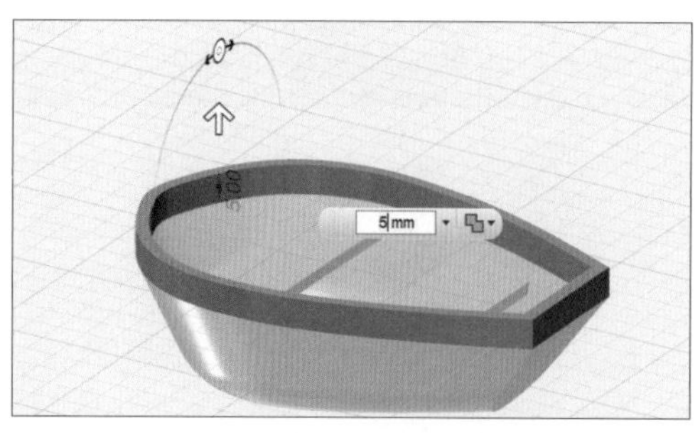

23 将视图切换到“上”视图，绘制两个平面。

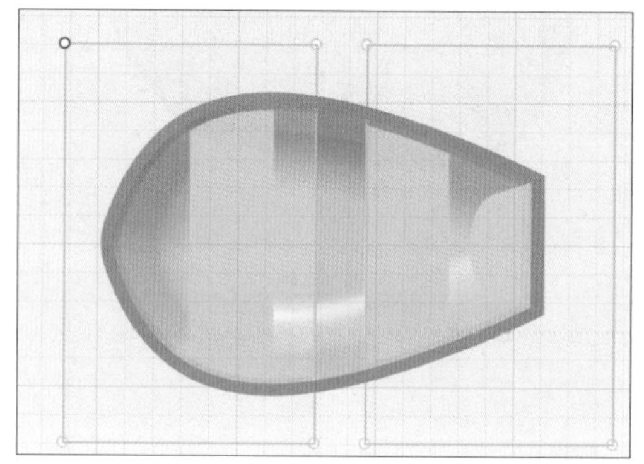

24 将平面在竖直方向上进行移动。

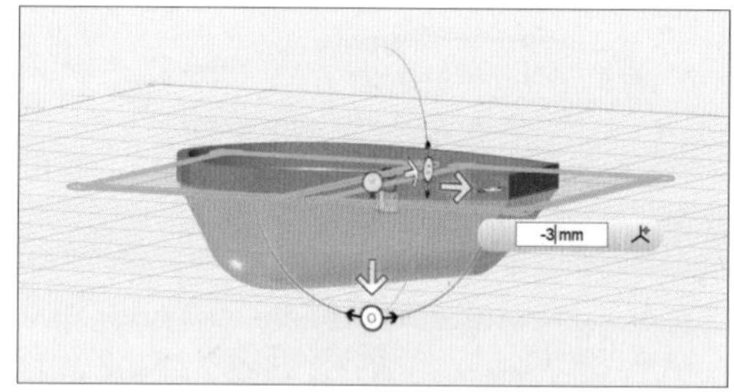

25 利用“拉伸”工具，去掉部分结构。

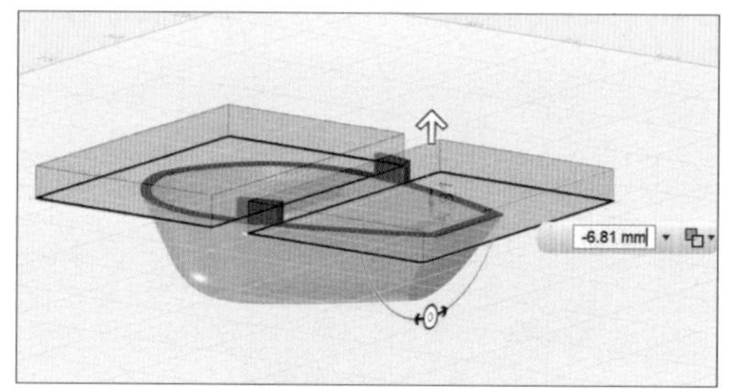

26 使用“圆角”工具对 4 个边缘倒角。

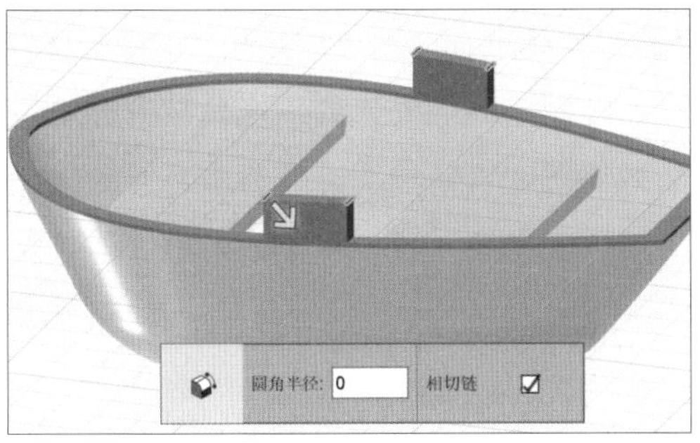

27 倒角后得到的形状如下所示。

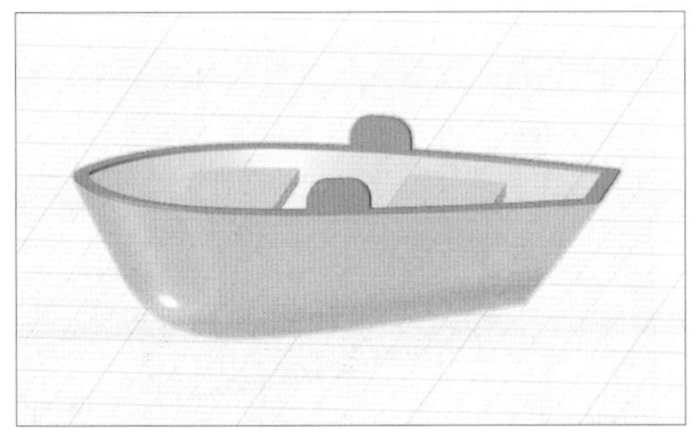

28 使用“基本体”工具栏中的“圆柱体”工具，绘制一圆柱体，并移动该圆柱体。

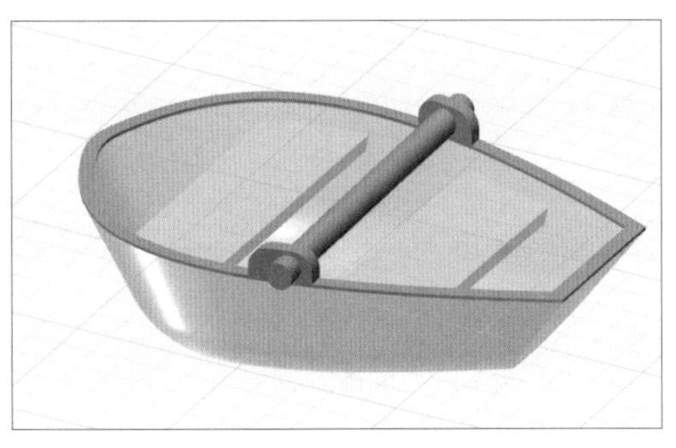

29 利用“相减”工具，去掉圆柱体。

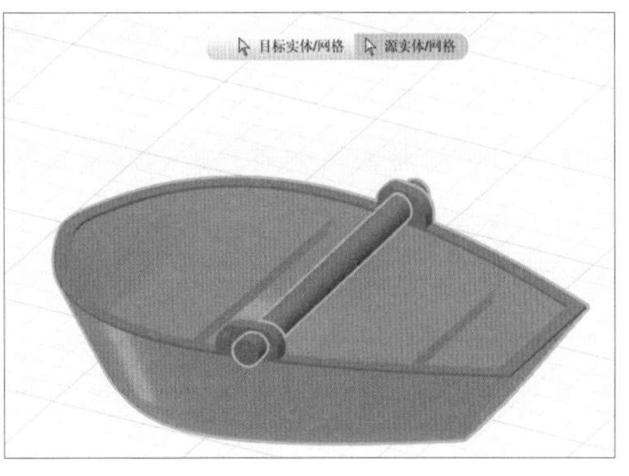

30 现在，小船就初步成型了。

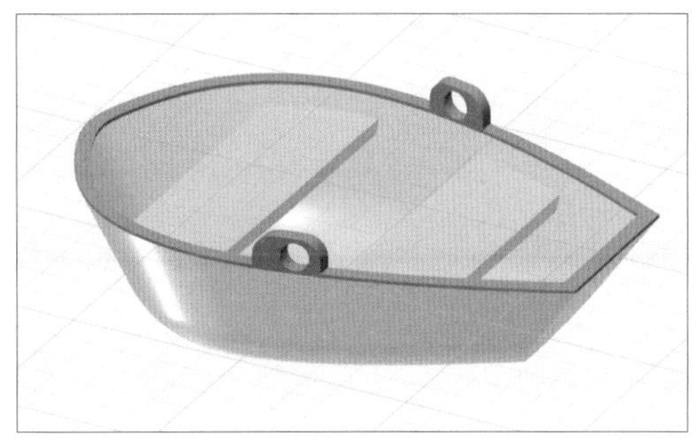

加油站

想让船转向，看似只需要在船体非转向侧用力划水就行了。但实际上，这样只会加快船速，而转向的效果并不明显。这时，我们可以稍微改变一下我们划桨的方式，用扫桨来转向。

前向扫桨：可在船前行时，或者船静止时使用。首先，使用正常的前向用桨握桨方式。然后在桨叶入水时，尽量向前一

些，但不要太勉强（能轻松达到为准），在桨面入水时垂直，将受力面面向船体外。同时在上位的手也要配合放低。这时，开始让桨在船侧进行大圆弧运动，从船首划到船尾。划大圆弧时，用上身体的力量，尽量让两只手保持相对静止。

倾侧船体转向：当船体倾侧时，船体相应的一边会没入水中，这迫使船转向倾侧的一方。每条船转向倾侧的程度各有不同。为了让船倾侧，需要使用放在船舱内的双腿。对于船体需要抬高的一侧，膝盖上顶船体，对于船体需要向下倾侧的一侧，同时下压大腿及臀部。

横向平移：使用正常的前向用桨握桨方式，身体倾侧，把桨几乎竖直地插入水中；在上面的手臂形成一个约为直角的角度，并保持这个高度；桨的受力面需要指向船体的一侧。

反向用桨：即正向用桨的逆动作。一般我们在减速时使用。由于仅仅需要向后划几下桨以减速，所以动作的标准性并不重要，只要能保持平衡就可以了。特别的是，如果装有船尾舵，向后划可能会比较复杂。亦或在船尾较宽大（重）时，可能会有些不可预计的转向。可以通过向前弯下身形，来改变重量在船体的分布，减轻这个效果。

好马配好鞍，好船配好桨。在完成了小船的设计后，还需要小伙伴们为我们的小船设计一款实用的船桨（任务奖励：每位成员增加 50 经验值，2 颗智慧豆），船桨如图 11-3 所示。

图11-3　船桨为船的前进提供动力

博物院

早在新石器时代，我们的祖先就开始学会使用独木舟和筏，并以其非凡的勇气和智慧走向海洋。

唐宋时期是我国古代造船史上的一个发展高峰期。我国古代造船业自此进入了成熟时期，秦汉时期出现的造船技术，到了这个时期，得到了充分发展和进一步的完善，而且创造了许多更加先进的造船技术。隋朝是这一时期的开端，虽然时间不长，但造船业发达，甚至建造了特大型龙舟。隋朝的大龙舟采用的是榫接结合铁钉钉连的制造方法，使用铁钉比使用木钉、竹钉连结要更坚固牢靠。

行动记录

以图文形式，将探索、制作过程中的收获或遇到的问题记录在表 11-2 中。

表 11-2 行动记录表

我探索的步骤是	
我探索的主要成果有	
我学会了	
我还需要做到	

任务评定

1. 作品展示

收集作品，在现场或通过网络平台进行作品展示。活动小组内部讨论展示计划，各活动小组推选“发言人”对成果进行介绍。

根据展示情况，将对各小组作品的评价和建议填写在表 11-3 中。

表 11-3 作品评价反馈表

小组或作品名称	作品闪光点	可改进建议

2. 表现评定

通过自评或互评的方式，统计个人在活动中的表现，思考后期努力的方向，将表现记录在表 11-4 中。

表 11-4 表现评定表

记录人：　　　　　　　　记录时间：

<table>
<tr><td colspan="2">本次活动获得智慧豆</td><td></td><td>总智慧豆</td><td></td></tr>
<tr><td colspan="2">本次活动获得经验值</td><td></td><td>总经验值</td><td></td></tr>
<tr><td rowspan="2">当前级别</td><td rowspan="2">□实习生
□设计师助理
□初级设计师
□中级设计师
□高级设计师
□资深设计师
□设计总监</td><td rowspan="2">是否申请升级？

□是

□否</td><td colspan="2">审核确认升级：</td></tr>
<tr><td colspan="2">后期努力的方向：</td></tr>
</table>

项目 12　冲上云霄

小艾："没想到阿杜设计的船，不仅外观优秀，测试效果也很不错。有没有什么项目可以让我试一试呢？"

浩哥："小艾，你看地图，智绘小镇的北边，有好大一片空地。"

小艾："要不我们建议镇长，在那里建设一个小型机场，方便镇民们更好地出行。"

橙子："设计飞机？好棒啊，我一直都梦想着能成为一名飞行员，能设计一款飞机也相当不错！"

浩哥："那还等什么，行动起来吧！"

飞机如图 12-1 所示。

图12-1　飞机飞向蓝天

个人任务

成功设计 3D 打印飞机模型，示例如图 12-2 所示（任务奖励：经验值 100，2 颗智慧豆）。

图12-2　一款3D打印飞机模型

团队任务

1. 了解古人为飞天所做的探索（任务奖励：每位成员增加 20 经验值）。

2. 知道航空飞机与航天飞机的区别（任务奖励：每位成员增加 20 经验值）。

3. 了解飞机的升力是如何产生的（任务奖励：每位成员增加 30 经验值）。

4. 了解飞机的主翼、尾翼及其功能（任务奖励：每位成员增加 30 经验值）。

行动计划

1. 组成活动小组，小组成员之间展开讨论，确定分工，填写表 12-1。

表 12-1 ____________ 小组行动计划

作品名称		组长	
人员分工			
具体工作		参与成员	完成时间
使用 123D Design 设计制作航空飞机			
了解古人为飞天所做的探索			
收集航空飞机、航天飞机相关信息			
收集知识，了解飞机产生升力的原因			

2. 设计草图。设计属于自己的航空飞机，画出设计草图。

我的设计草图

行动指南

按照计划进行设计与创作，在此过程中根据团队实际情况，不断完善初始设计方案，改进作品效果。

训练营

1 在平面上插入一个半球体。

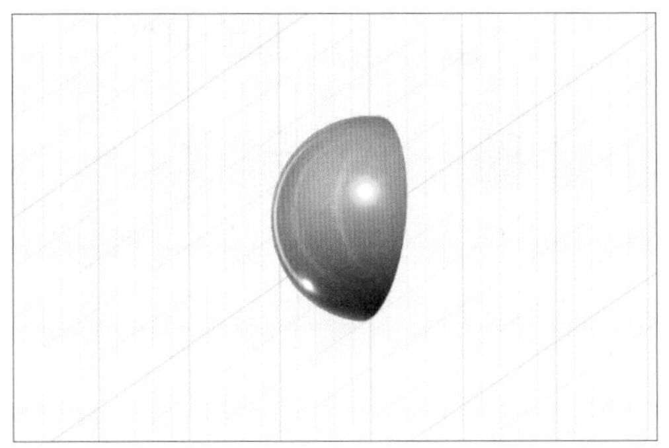

2 利用“智能缩放”工具将半球体在水平方向拉长。

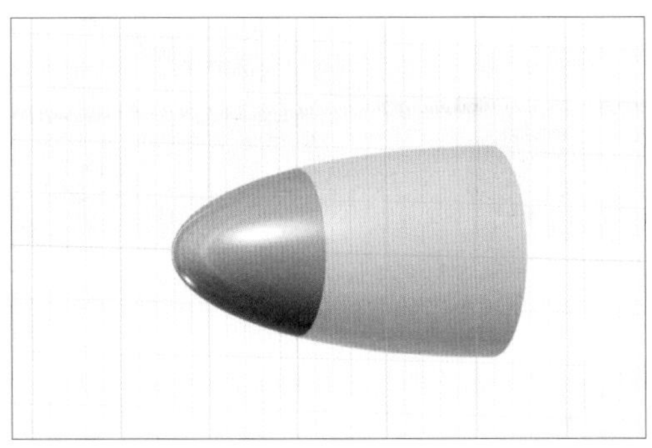

3 利用“拉伸”工具拉出部分机身。

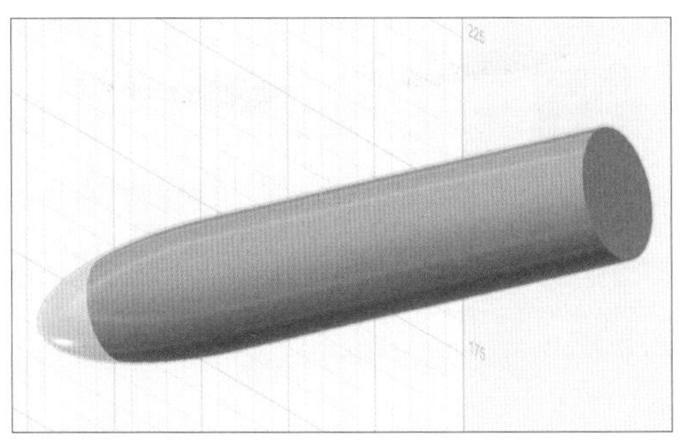

4 在圆形截面上画 3 个圆形，用来制作机尾。

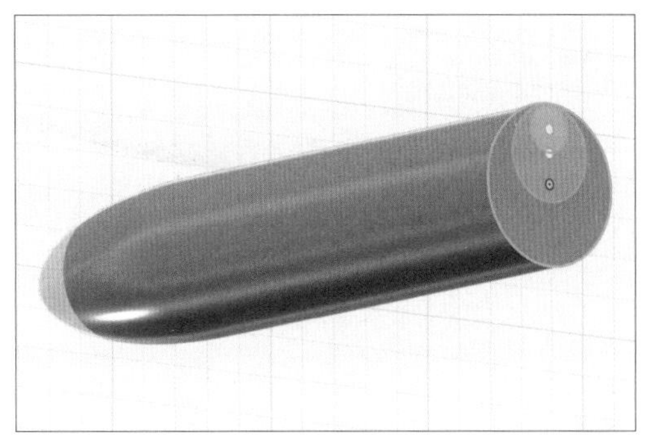

5 对机身部分进行抽壳。

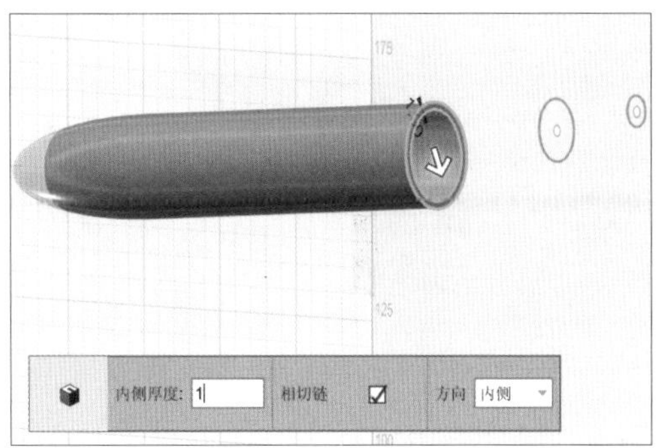

6 将 3 个圆形放样后进行抽壳。

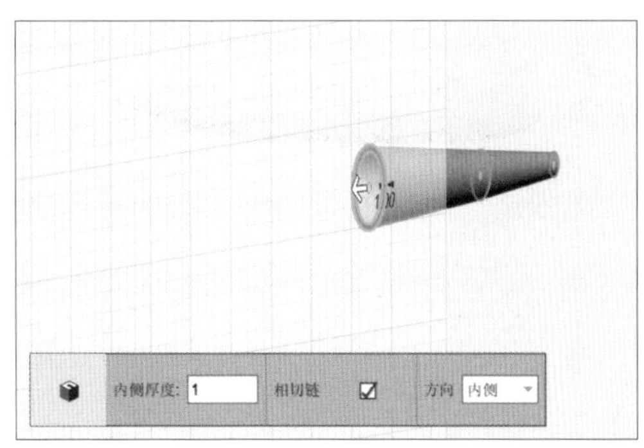

7 隐藏草图，恢复实体并进行合并。

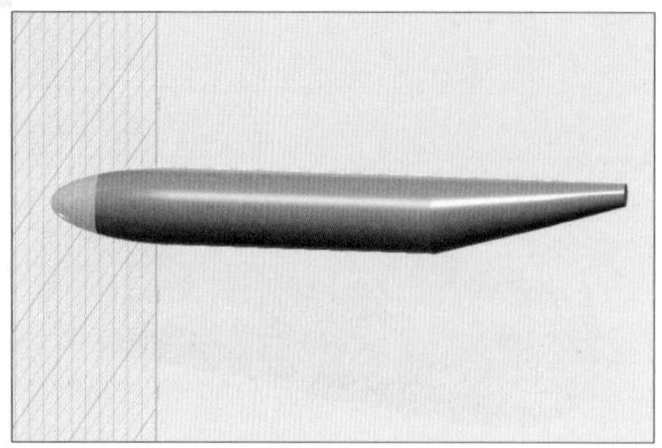

8 插入正方体,其中一面竖直平分飞机。

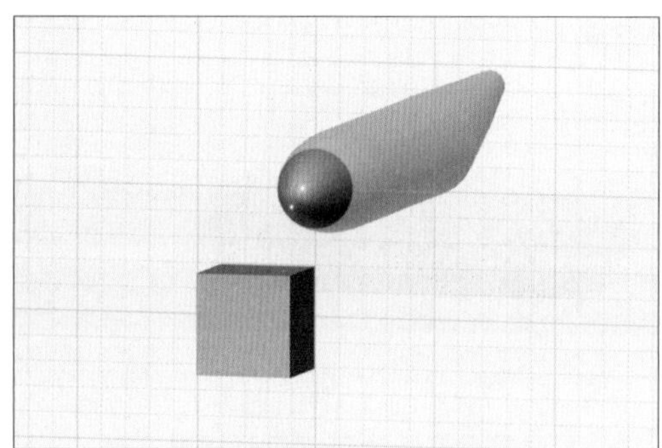

9 绘制飞机主翼的封闭曲线。

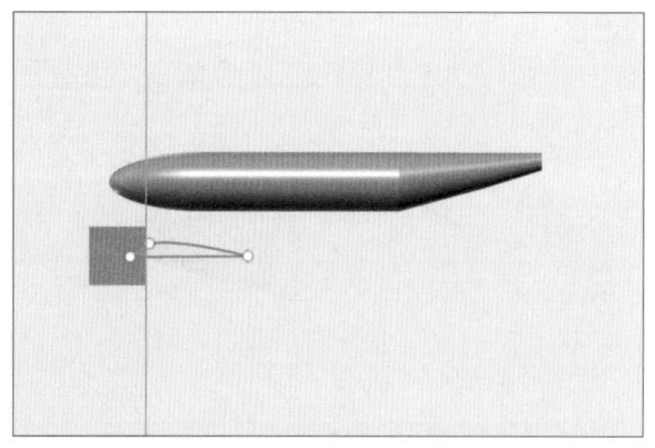

10 将封闭曲线复制后,移动一定的距离。

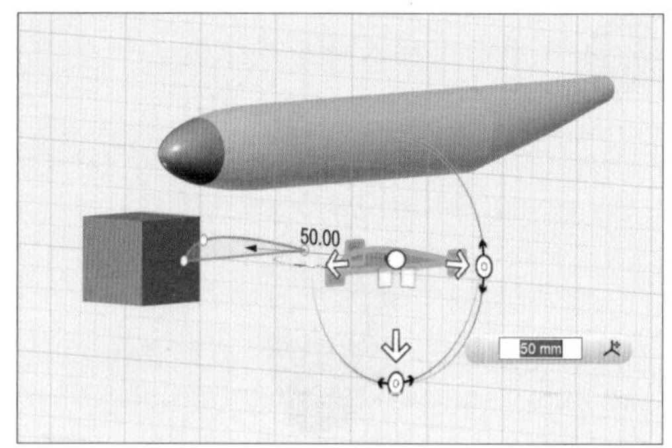

11 将轮廓 1 缩小 60% 后，横向移动一定距离，并进行放样。

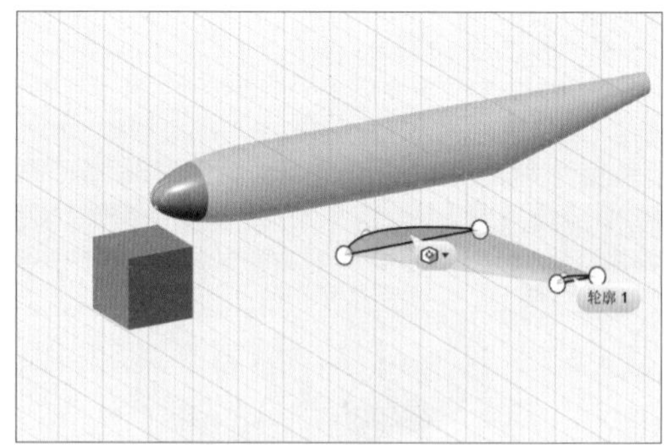

12 将机翼移动到机身的合适部分。

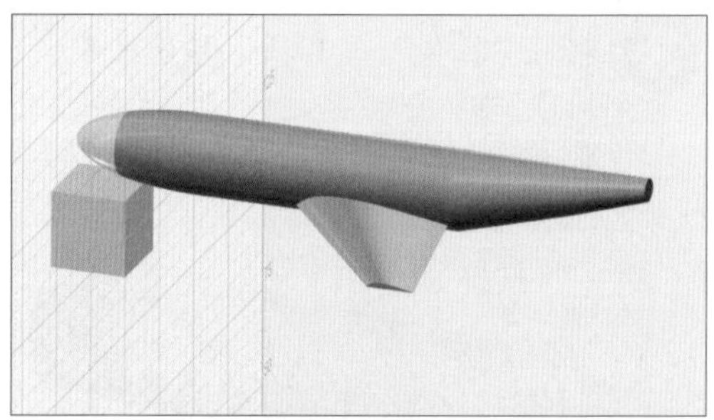

13 使用“镜像”工具，得到另一边机翼。

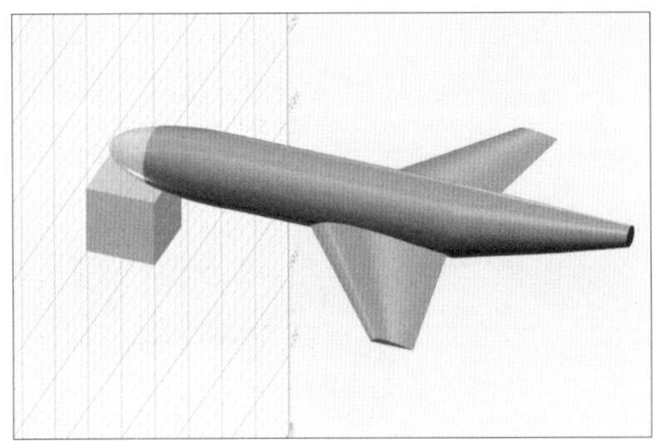

14 复制主翼后，向后移动。

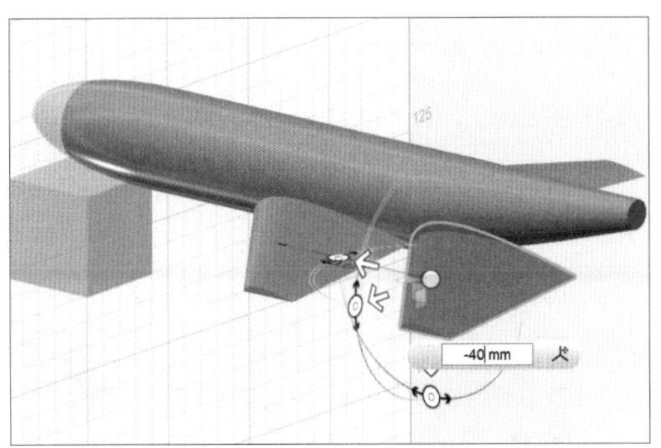

15 将水平尾翼缩小 60%。

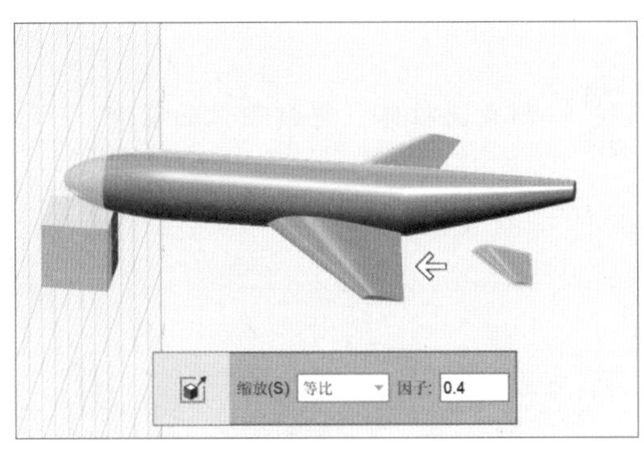

16 将水平尾翼移到机身后部并镜像。

17 绘制垂直尾翼轮廓。

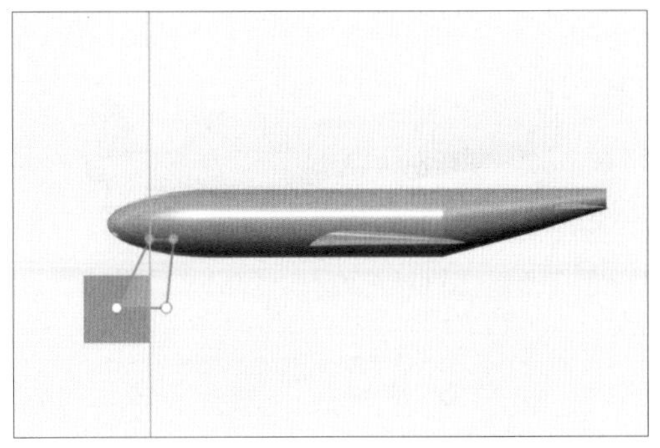

18 将垂直尾翼移到机尾，并进行拉伸。

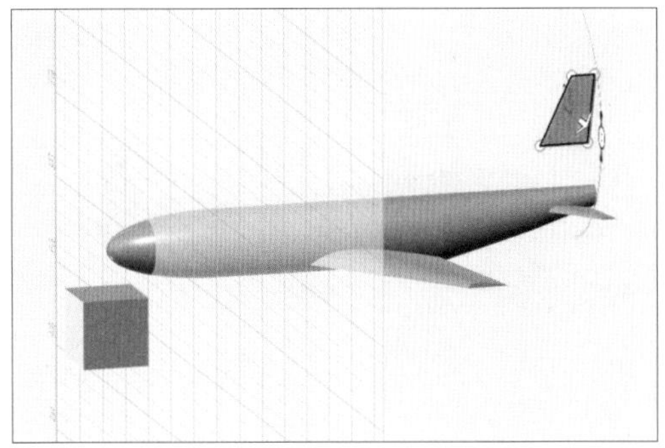

19 将垂直尾翼移到飞机机身上。

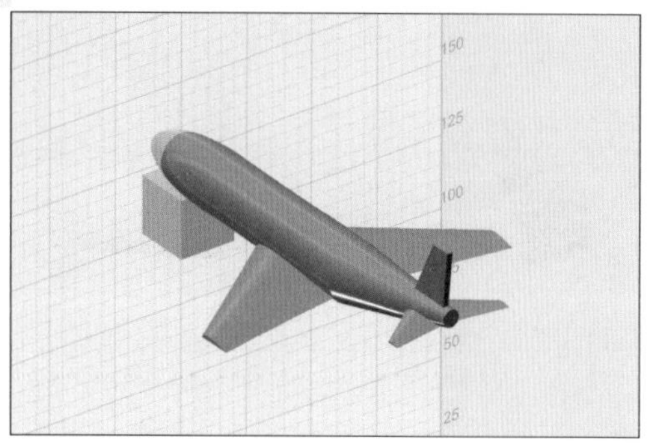

20 对垂直尾翼进行倒角。

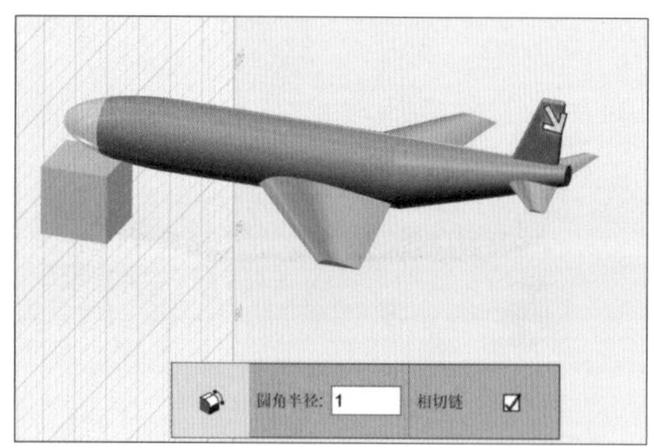

21 将机身和机翼进行合并。

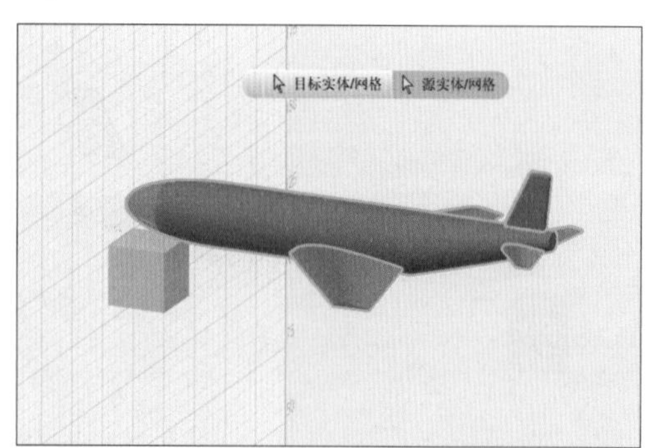

22 使用“基本体”工具栏中的“圆柱体”工具，绘制一个圆柱体，并将其移动。

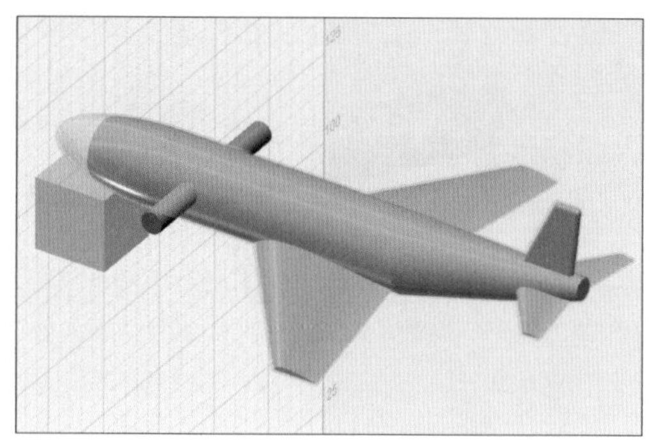

23 沿机身方向绘制一条横线，利用阵列工具中的线型阵列，移动出多根圆柱体。

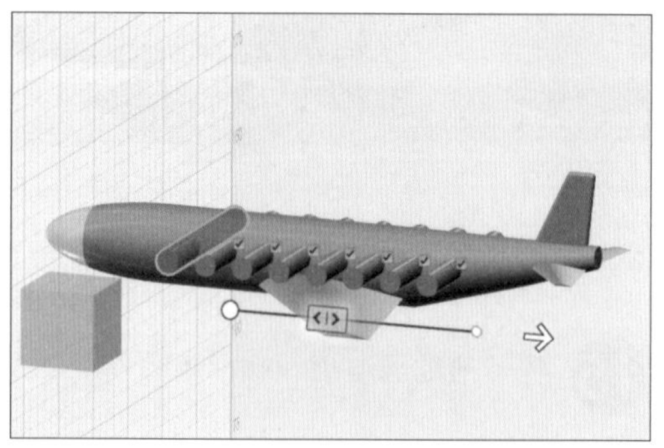

24 删减圆柱体，得到飞机的窗户。

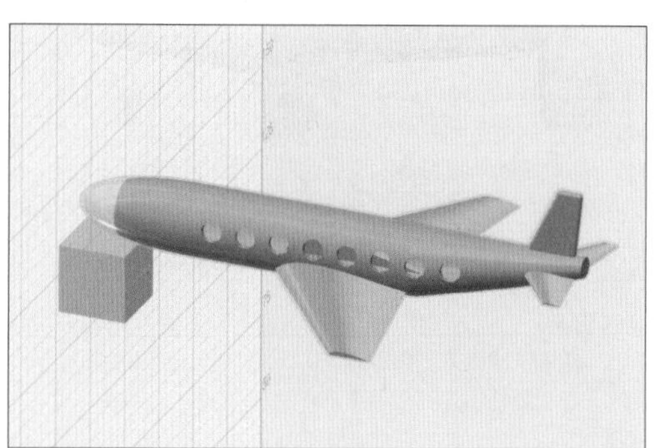

25 绘制前挡风玻璃轮廓。

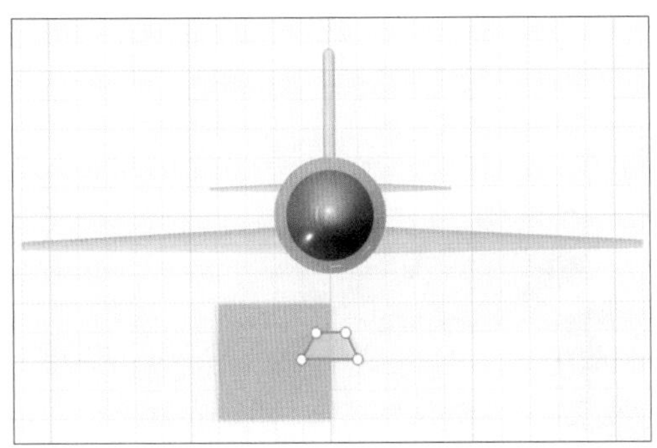

26 将梯形轮廓移动至机头正前方，进行拉伸。

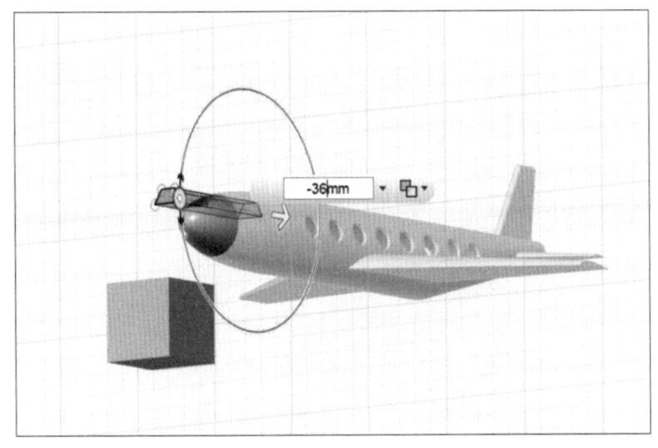

27 在图示位置绘制 3 个同心圆，并移动一段距离，用来制作发动机。

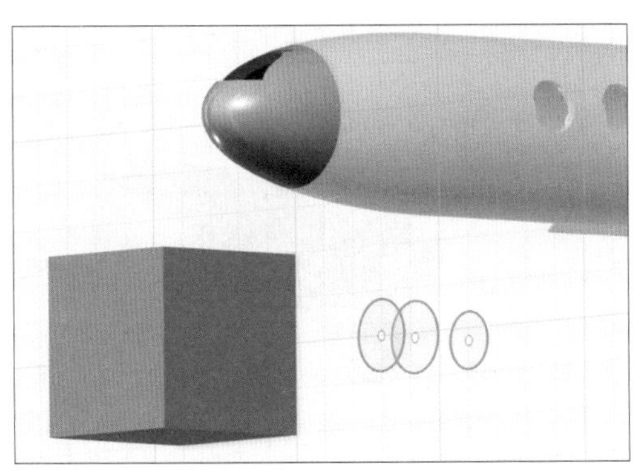

28 对 3 个圆放样后得到的发动机进行抽壳。

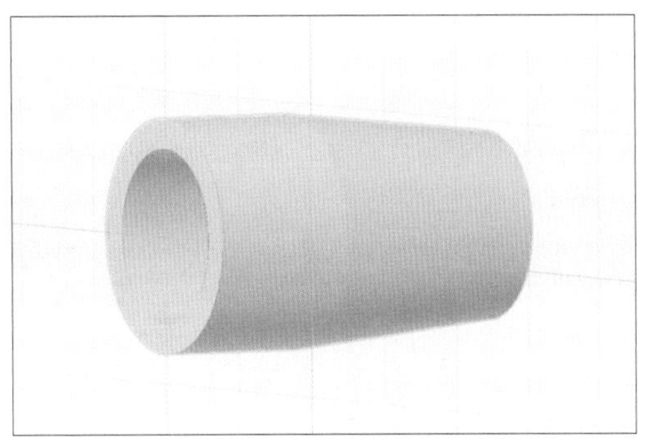

29 选择图示截面，并拉伸。

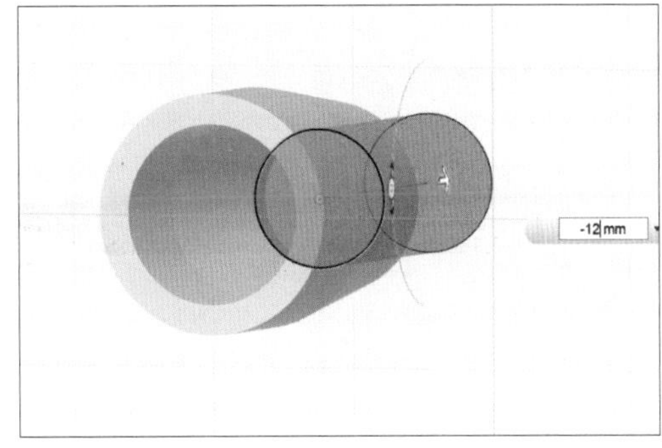

30 对几个圆形截面进行倒角。

31 绘制一个长方体与发动机一起移动。

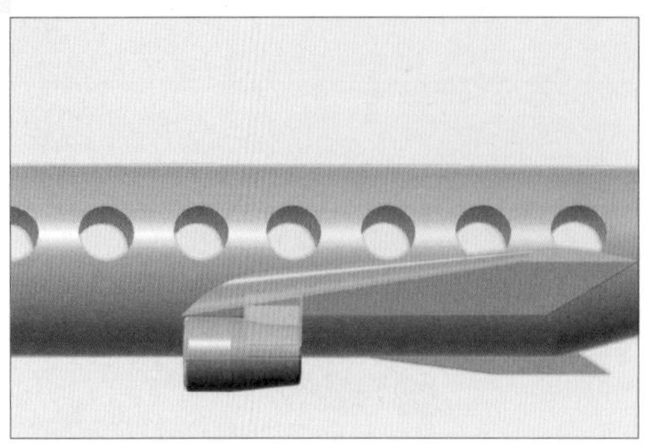

32 复制发动机，将其向左平移后，将长方体减去发动机。

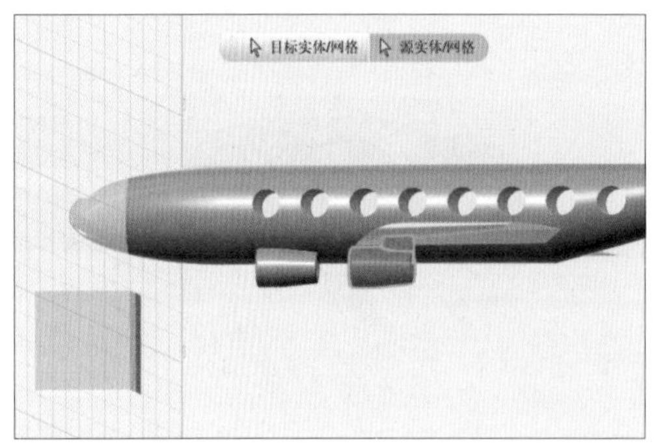

33 拉伸调整多余部分。

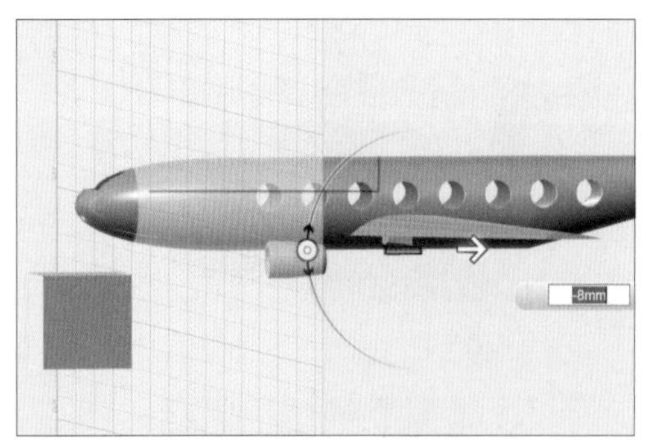

34 将发动机还原后和长方体剩余部分合并。

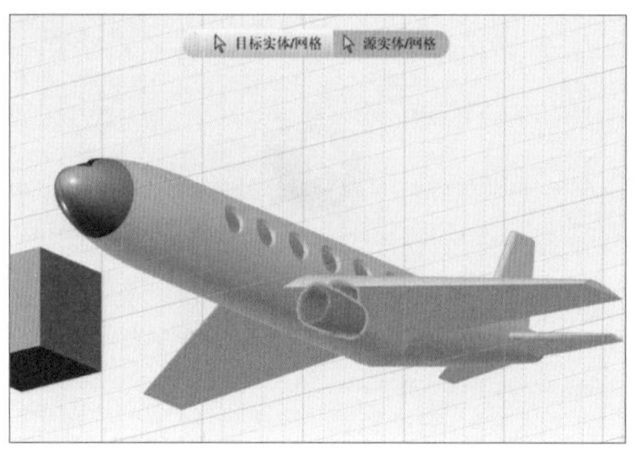

35 使用“镜像”工具，得到另一边的发动机。

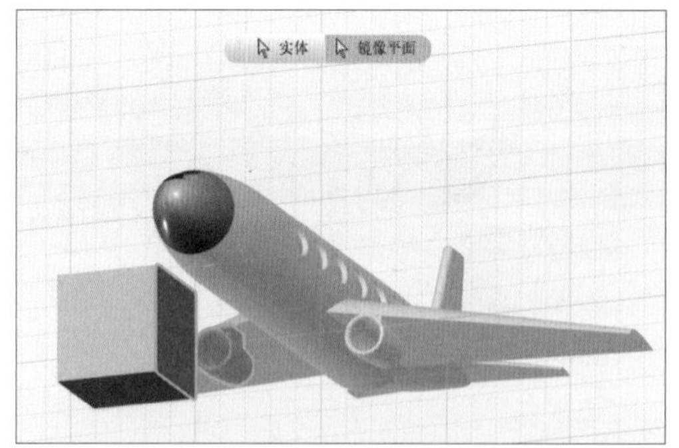

36 将所有部件合并成一个整体。

加油站

航空飞机与航天飞机的区别如下。

航空飞机即是我们常见的飞机，飞机是指具有一具或多具发动机的动力装置产生前进的推力或拉力，由机身的固定机翼产生升力，在大气层内飞行的，重于空气的航空器。飞机是最常见的一种固定翼航空器。按照其使用的发动机类型又可将其分为喷气飞机和螺旋桨飞机（见图 12-3）。

图12-3　螺旋桨飞机

航天飞机，是一种有人驾驶、可重复使用的、往返于太空和地面之间的航天器（见图 12-4）。它既能像运载火箭那样把人造卫星等航天器送入太空，也能像载人飞船那样在轨道上运行，还能像滑翔机那样在大气层中滑翔着陆。航天飞机为人类自由进出太空提供了很好的帮助，它是航天史上的一个重要里程碑，是往返于地面和近地轨道之间运送人和有效载荷的飞行器，兼具载人航天器和运载器功能。

图12-4　航天飞机

这里我们简单介绍一下“伯努利定理”。在一个流体系统，比如气流、水流中，流速越快，流体产生的压力就越小，这就是被称为“流体力学之父”的丹尼尔·伯努利于 1738 年发现的“伯努利定理”。伯努利定理的内容是：由不可压、理想流体沿流管进行定常流动时的伯努利定理知，流动速度增加，流体的静压将减小；反之，流动速度减小，流体的静压将增加，如图 12-5 所示。但是流体的静压和动压之和，即总压始终保持不变。伯努利定理是飞机起飞原理的根据。伯努利定理在水力学和应用流体力学中有着广泛的应用（任务奖励：经验值 50，2 颗智慧豆）。

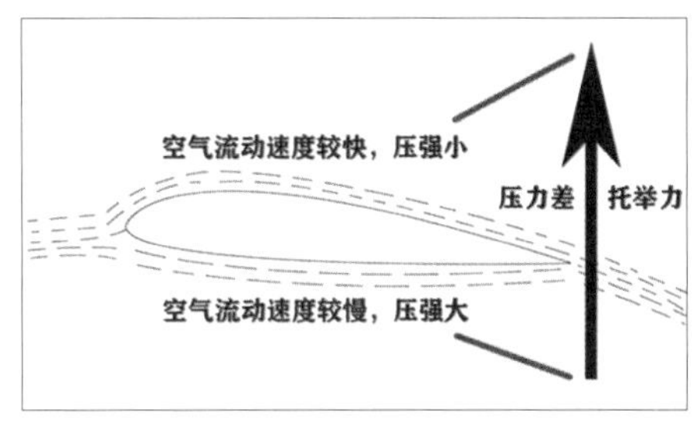

图12-5　机翼上下表面的压力差，为飞机提供部分升力

博物院

风筝是世界上最早的重于空气的飞行器。据记载：“五代李郑于宫中作纸鸢，引线乘风为戏，后于鸢首以竹为笛，使风入竹，声如筝鸣，故名风筝。”所以古时候不能发出声

音的风筝叫“纸鸢”，能发出声音的才叫“风筝”。

风筝相传是由战国时期思想家墨子制造的。风筝问世后，很快被用于传递信息、飞跃险阻等。唐宋时期，由于造纸业的发展，风筝很快传入民间，成为人们用于休闲娱乐的玩具。中国的风筝距今已有2000多年的历史，在漫长的岁月里，我们的祖先不仅创造出凝聚着中华民族智慧的文字和绘画，还创造了许多反映人们对美好生活向往和追求、寓意吉祥的图案。印有“福寿双全”“龙凤呈祥”“百蝶闹春”“鲤鱼跳龙门”“麻姑献寿”“百鸟朝凤”“连年有鱼”“四季平安”等吉祥图案的风筝也表现出人们对美好生活的向往和憧憬。图 12-6 所示为古人放飞风筝的场景。

图12-6　古人放飞风筝的场景

行动记录

使用图文形式，将探索、制作过程中的收获或遇到的问题记录在表 12-2 中。

表 12-2　行动记录表

我探索的步骤是	
我探索的主要成果有	
我学会了	
我还需要做到	

任务评定

1. 作品展示

收集作品，在现场或通过网络平台进行作品展示。活动小组内部讨论展示计划，各活动小组推选“发言人”对成果进行介绍。

根据展示情况，将对各小组作品的评价和建议填写在表 12-3 中。

表 12-3　作品评价反馈表

小组或作品名称	作品闪光点	可改进建议

2. 表现评定

通过自评或互评的方式，统计个人在活动中的表现，思考后期努力的方向，将表现记录在表 12-4 中。

表 12-4　表现评定表

记录人：　　　　　　　　　　记录时间：

<table>
<tr><td colspan="2">本次活动获得智慧豆</td><td colspan="2"></td><td>总智慧豆</td><td></td></tr>
<tr><td colspan="2">本次活动获得经验值</td><td colspan="2"></td><td>总经验值</td><td></td></tr>
<tr><td rowspan="2">当前级别</td><td rowspan="2">□实习生
□设计师助理
□初级设计师
□中级设计师
□高级设计师
□资深设计师
□设计总监</td><td rowspan="2">是否申请升级？
□是
□否</td><td colspan="3">审核确认升级：</td></tr>
<tr><td colspan="3">后期努力的方向：</td></tr>
</table>

项目 13　贯通两岸的桥

腿脚不便的老奶奶："哎呀呀，小镇有了摆渡船，可以很方便地去河对岸了。可是我的腿不好，上下船心里慌。如果附近河上能有座小桥就好了……"

喜欢诗歌的工程师："你站在桥上看风景，看风景的人在楼上看你。明月装饰了你的窗子，你装饰了别人的梦……咱们智绘小镇的桥的确太少了，只要拿到漂亮又稳固的桥梁设计模型，我们就能把桥建起来！"

嘴馋的蛋蛋："我来设计，只要两根冰淇淋！"

颐和园玉带桥如图 13-1 所示。

图13-1　颐和园玉带桥

个人任务

成功设计制作一座景观桥模型（任务奖励：2 颗智慧豆）。

3D 打印景观桥模型如图 13-2 所示。

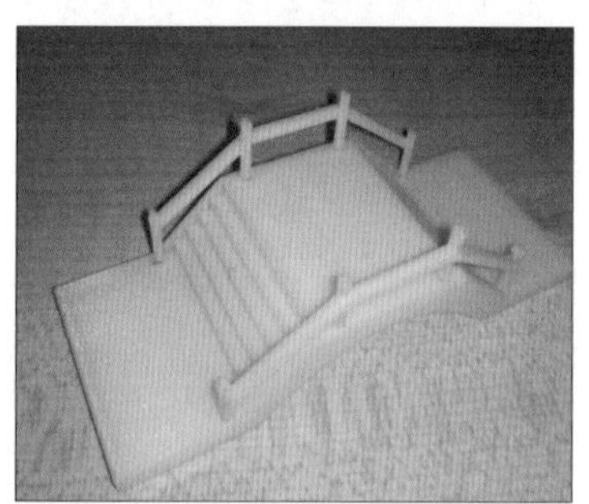

图13-2　3D打印景观桥模型

团队任务

1. 了解桥的作用、类别和结构（任务奖励：每位成员增加 30 经验值）。

2. 了解与桥有关的中国文化，及其相关的故事（任务奖励：每位成员增加 20 经验值）。

3. 制作一座单孔跨度为 5cm、桥面宽度为 4cm 的景观桥模型并进行 3D 打印，可使用胶水辅助拼接（任务

奖励：每位成员增加 50 经验值）。

行动计划

1. 组成活动小组，小组成员之间展开讨论，确定分工，填写表 13-1。

表 13-1　＿＿＿＿＿＿＿小组行动计划

作品名称		组长	
人员分工			
具体工作		参与成员	完成时间
需求分析			
使用 123D Design 设计制作景观桥模型			
了解桥的作用、类别和结构			
了解与桥有关的文化和历史故事			
3D 打印景观桥模型，并进行测试			

2. 设计草图。设计属于自己的一座小桥，画出设计草图。

我的设计草图

行动指南

按照计划进行设计与创作，在此过程中根据团队实际情况，不断完善初始设计方案，改进作品效果。

训练营

1 绘制桥体草图。

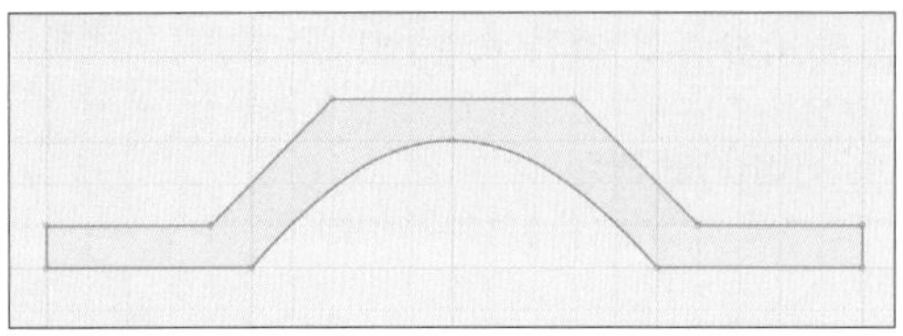

2 使用“拉伸”工具，形成桥体。

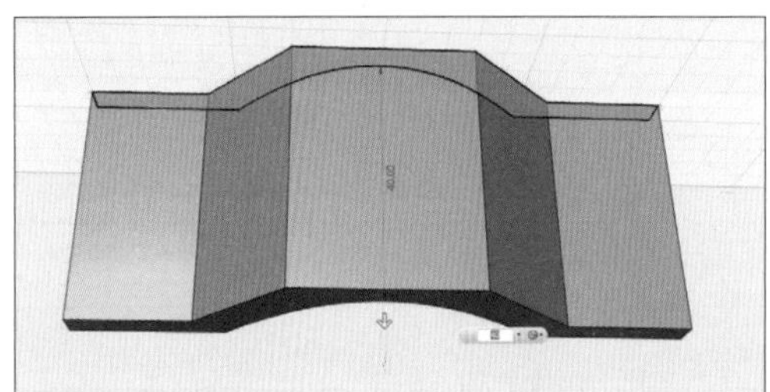

3 使用“基本体”工具栏中的“圆柱体”工具，绘制高为 10mm，半径为 1mm 的圆柱体，将其作为桥体护栏扶手。

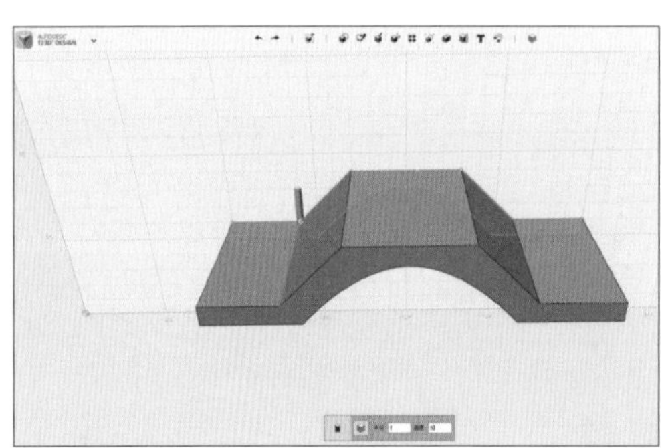

4 使用“阵列”工具复制护栏扶手。

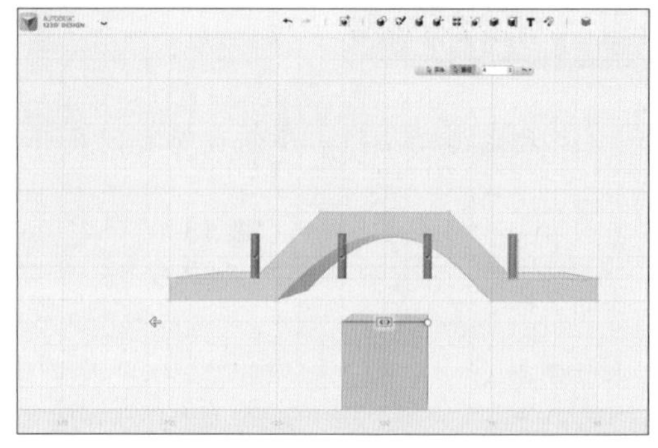

5 移动护栏扶手 。

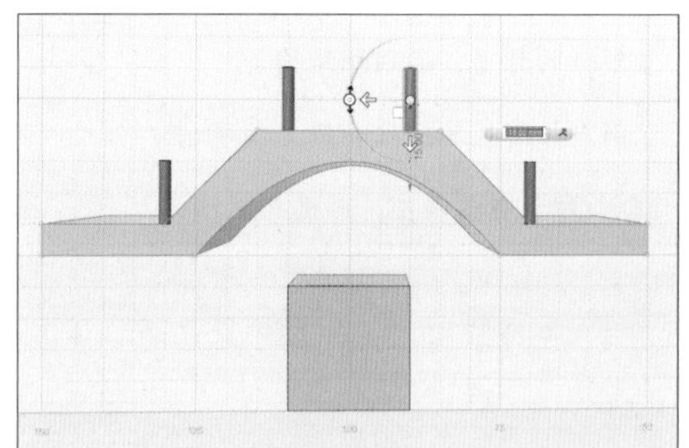

6 绘制护栏栏杆草图。

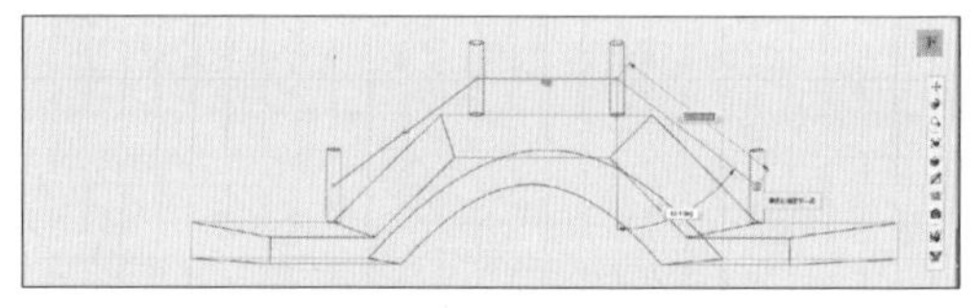

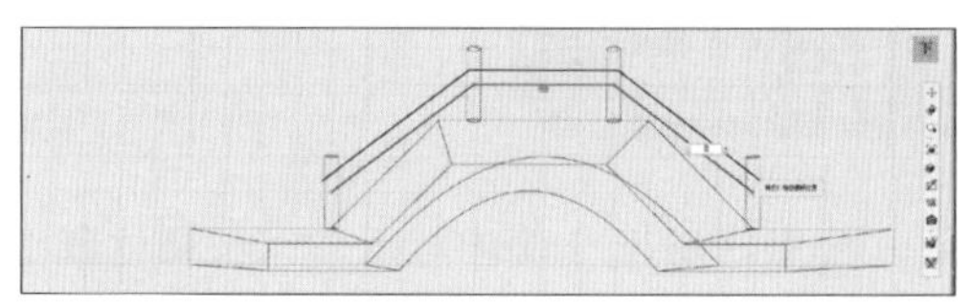

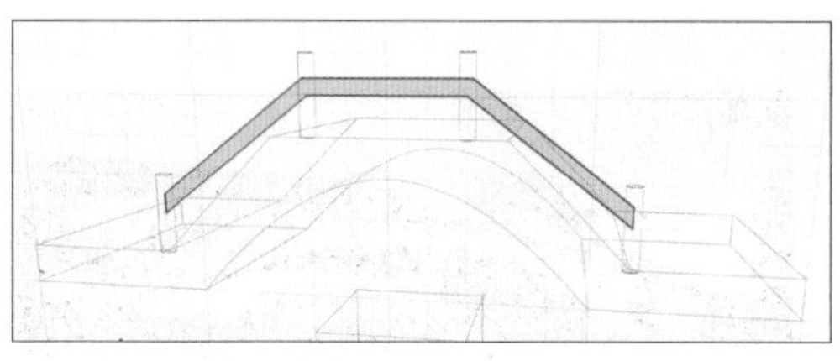

7 检查栏杆草图的连通性。

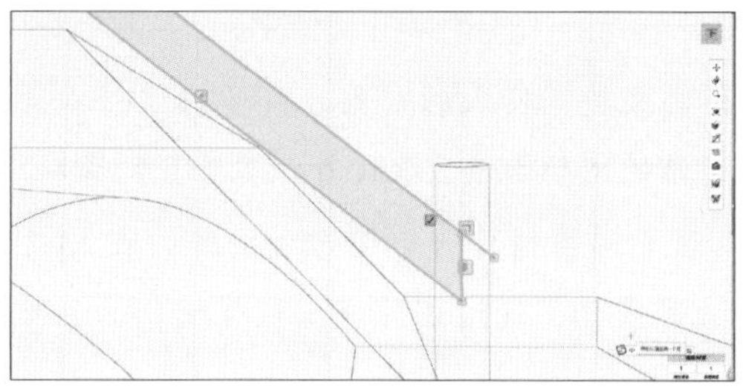

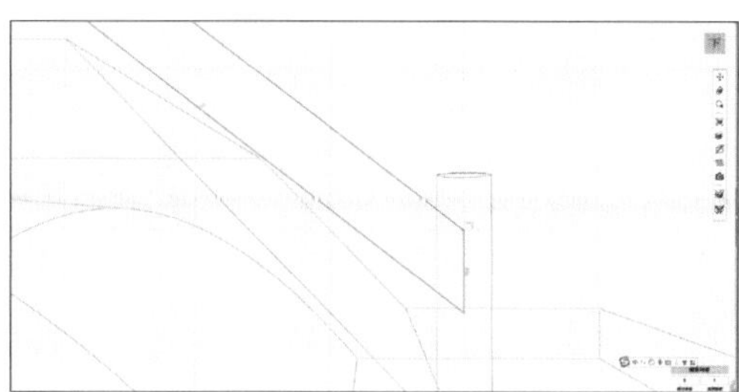

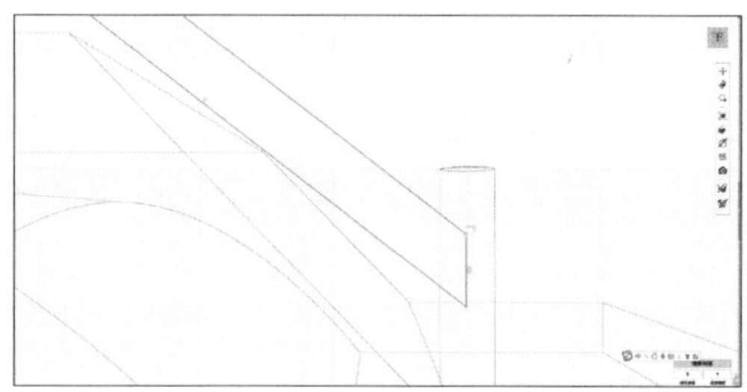

8 使用“阵列”工具绘制护栏。

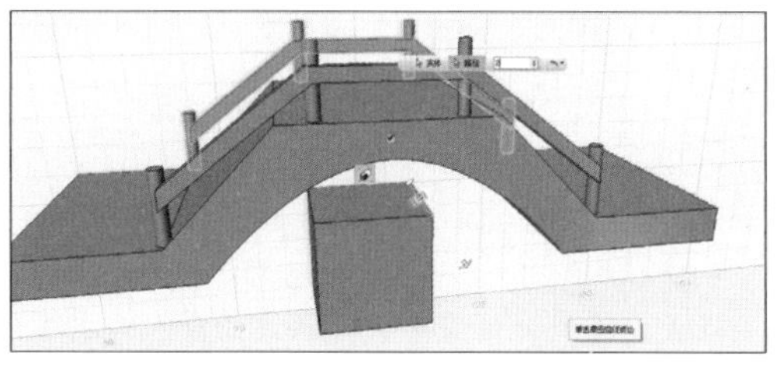

9 先绘制一级台阶，然后将台阶复制，并沿斜面排列，可使用“阵列”工具完成。

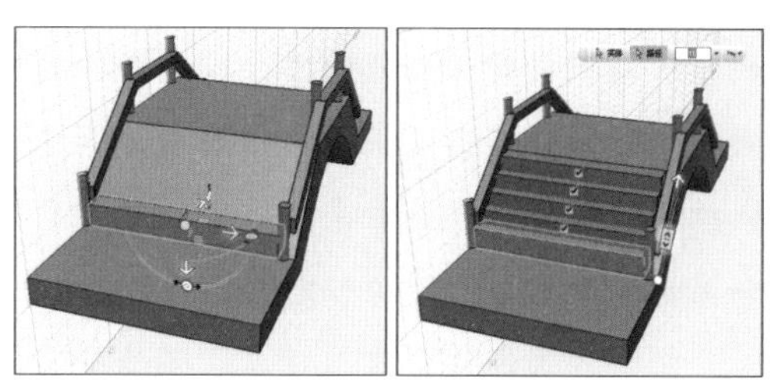

10 镜像台阶，将桥体与台阶相减。

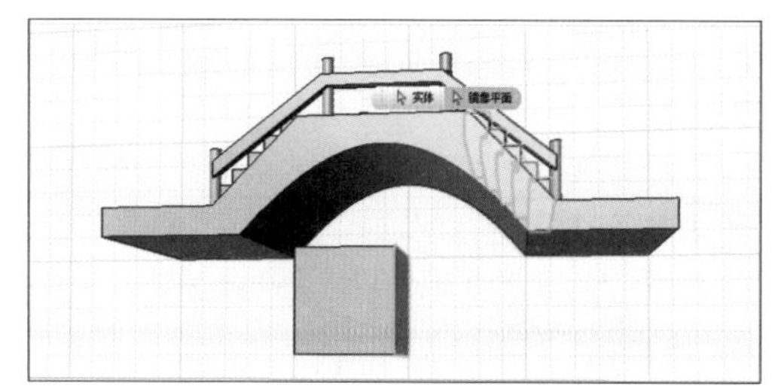

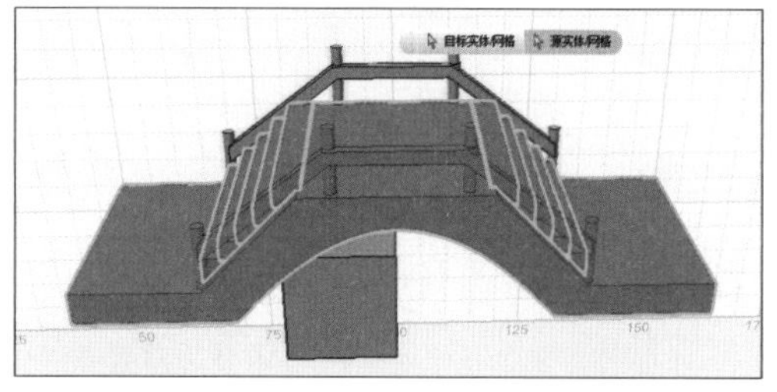

11 得到最终的景观桥如图所示。

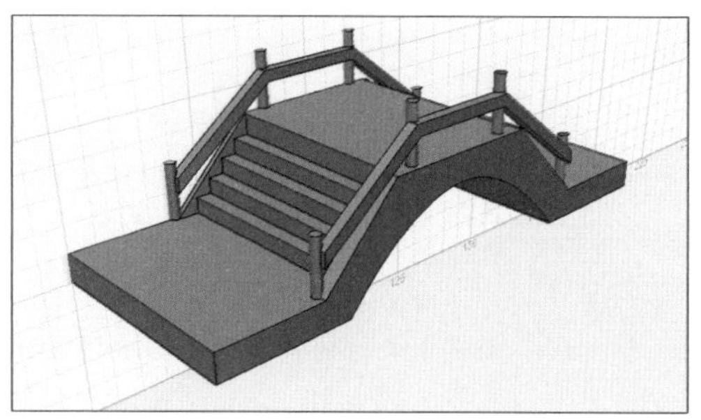

博物馆

图13-3　赵州桥

中国名桥

中国是桥梁的故乡，自古就有“桥的国度”之称。遍布在神州大地的桥，编织成四通八达的交通网络，连接着祖国的四面八方。中国古代桥梁建筑有不少是世界桥梁史上的创举，充分显示了中国古代劳动人民的非凡智慧。

中国古代的桥梁建造技术，不少曾走在世界桥梁建筑发展的前列，许多桥梁样式至今仍对世界近代桥梁建筑产生影响。同时，它又是活的文物瑰宝，承载着许多珍贵的资料。

潮州广济桥、河北赵州桥、泉州洛阳桥、北京卢沟桥被称为中国四大古桥。表 13-2 罗列了我国知名度较高的 10 座古桥，大家不妨上网查询，通过图片仔细观赏它们的美妙身形吧。

表 13-2　中国名桥

桥梁名字	简介
赵州桥	位于河北赵县，是一座单孔石拱桥，桥面宽 10m，两侧 42 块栏板上刻有龙兽状浮雕，如图 13-3 所示
卢沟桥	位于北京市丰台区永定河。始建于 1189 年，是一座联拱石桥，长约 265m，有 241 根望柱，每个柱子上都雕着狮子
广济桥	位于广东潮洲古城东门外，是我国古代一座集交通、商用于一体的综合性桥梁，也是世界上第一座启闭式桥梁，有“一里长桥一里市”之说
五亭桥	位于杨州瘦西湖水道之上。桥基为 12 条青石砌成的大小不同的桥墩；桥身由大小不一形状不同的卷洞组成
安平桥	位于中国福建省泉州市，是中国现存最长的海港大石桥，也是古代桥梁建筑的杰作，有“天下无桥长此桥”之誉。安平桥桥墩是用花岗岩条石叠砌而成的，桥上筑有亭子，桥身中部的亭子周围保存历代修桥碑记，亭前伫立着护桥将军石雕，是宋代石雕艺术品
十字桥	位于山西太原市晋祠内。桥梁为十字形，全桥由 34 根铁青八角石支撑，柱顶用柏木斗拱与纵梁、横梁连接，上铺十字桥面
程阳桥	位于广西三江县，是三江县最大的风雨桥。风雨桥流行于南方部分地区，这种全用木料筑成、靠榫卯结构架起的桥，上面盖有瓦顶遮蔽风雨，所以称风雨桥。程阳桥桥面由木板铺成，为石墩木面瓦顶结构。从桥面看桥顶，各种样式的木梁贯穿其中，结构非常复杂，这些令人眼花的木结构通过榫卯连在一起，非常结实，极有美感。桥上建塔形楼亭 5 座，可避风雨。整座桥梁不用一根铁钉，精致牢固
泸定桥	这是一座悬挂式铁索桥，位于四川泸定县的大渡河上。全长 136m，宽 3m，由 13 根铁链组成，其中 9 根并排的铁链上面铺有木板，组成了桥面，左右各 2 根在桥面两侧，作为扶手
五音桥	位于河北东陵顺治帝孝陵神道上。桥面两侧装有 126 块方解石栏板，如果顺着敲击，会发出奇妙的声音，包括中国古代声乐中宫、商、角、徵、羽五音，所以称此为“五音桥”
玉带桥	位于北京颐和园。此桥用汉白玉和青白石砌成，桥拱为蛋尖形，桥拱高而薄，形若玉带，桥面呈双向反弯曲，两侧雕刻精美的栏板和望柱

行动记录

以图文形式，将探索、制作过程中的收获或遇到的问题记录在表 13-3 中。

表 13-3　行动记录表

我探索的步骤是	
我探索的主要成果有	
我学会了	
我还需要做到	

任务评定

1. 作品展示

收集作品，在现场或通过网络平台进行作品展示。小组成员内部讨论展示计划，各活动小组推选“发言人”对成果进行介绍。

根据展示情况，将对各小组作品的评价和建议填写在表 13-4 中。

表 13-4　作品评价反馈表

小组或作品名称	作品闪光点	可改进建议

2. 表现评定

通过自评或互评的方式，统计个人在活动中的表现，思考后期努力的方向，将表现记录在表 13-5 中。

表 13-5　表现评定表

记录人：　　　　　　　　　　记录时间：

<table>
<tr><td colspan="2">本次活动获得智慧豆</td><td colspan="2"></td><td>总智慧豆</td><td></td></tr>
<tr><td colspan="2">本次活动获得经验值</td><td colspan="2"></td><td>总经验值</td><td></td></tr>
<tr><td rowspan="2">当前级别</td><td rowspan="2">□实习生
□设计师助理
□初级设计师
□中级设计师
□高级设计师
□资深设计师
□设计总监</td><td rowspan="2">是否申请升级？

□是

□否</td><td colspan="3">审核确认升级：</td></tr>
<tr><td colspan="3">后期努力的方向：</td></tr>
</table>

项目 14 亭子制作

浩哥："在小镇里走了这么久，也没有地方能歇歇脚。"

蛋蛋："如果有个亭子供大家休息一下就好了。"

浩哥："想到就做，我们来设计一个亭子模型吧。"

阿杜："这可是一个大工程，我也想加入你们的团队。"

浩哥："太好了！"

亭子示例如图 14-1 所示。

图14-1 陶然亭

个人任务

成功制作 3D 打印亭子模型，如图 14-2 所示（任务奖励：2 颗智慧豆）。

团队任务

1. 能说出亭子的结构，如基座、柱子、亭檐等（任务奖励：每位成员增加 50 经验值）。

2. 自主设计一个亭子，为其加上一定的装饰，使其具有一定美感（任务奖励：每位成员增加 50 经验值）。

图14-2 3D打印亭子模型

行动计划

1. 组成活动小组，小组成员之间展开讨论，确定分工，填写表 14–1。

表 14-1 ____________ 小组行动计划

作品名称		组长	
人员分工			
具体工作		参与成员	完成时间
搜集关于亭子的资料			
使用 123D Design 设计制作 3D 打印亭子模型			
为亭子加上一定装饰			

2. 设计草图。设计属于自己的 3D 打印亭子，画出设计草图。

我的设计草图

行动指南

按照计划进行设计与创作，在此过程中根据团队实际情况，不断完善初始设计方案，改进作品效果。

训练营

虽然亭子形状不一样，但是它们有着相同的部分，请你仔细观察亭子由哪几部分组成（基座、柱子、亭檐），让我们利用 123D Design 软件设计一个亭子吧。

1 调整视图，绘制亭子底部。

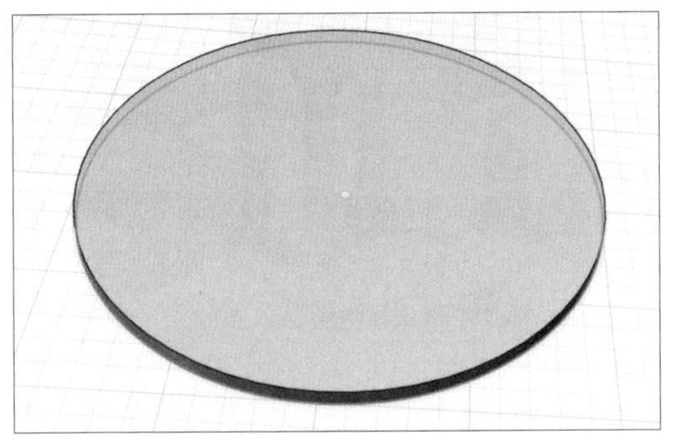

2 绘制并建模柱子，利用“环形阵列”工具，完成多根柱子的绘制。

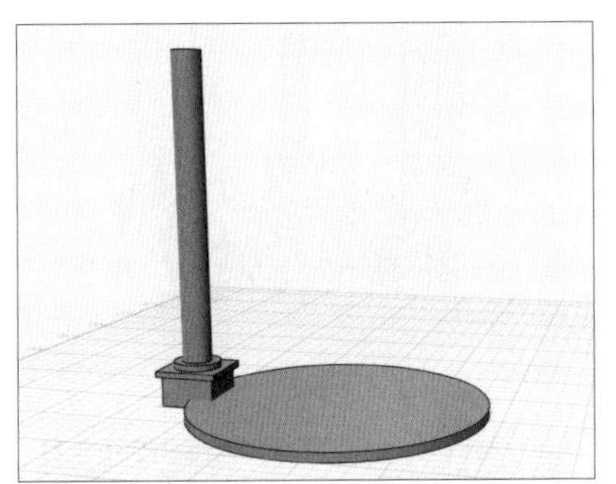

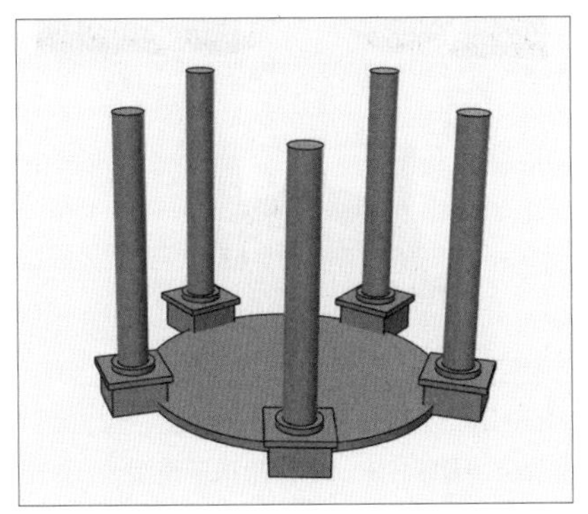

3 借助多边形图形，绘制并建模廊檐。

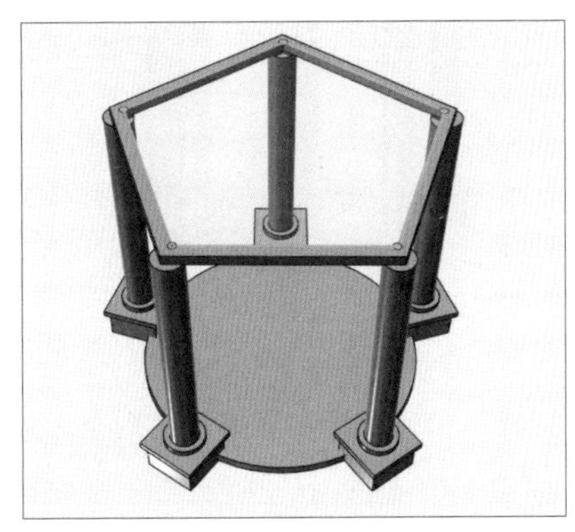

4 绘图亭子上部，使用“环形阵列”工具，完成亭子顶端的架构。

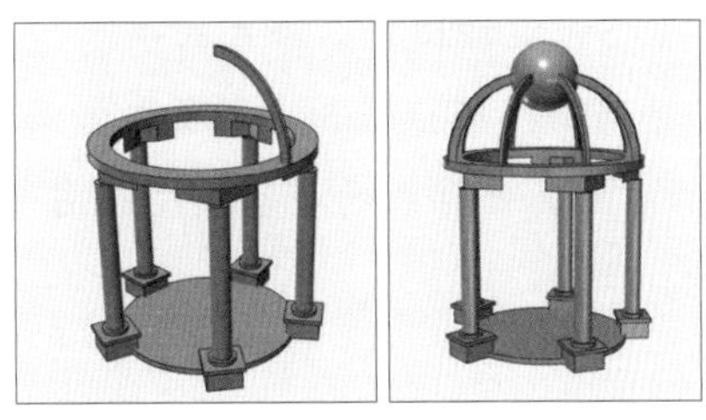

5 完成亭子的建模。

6 将亭子的柱子和底部移动到合适位置。

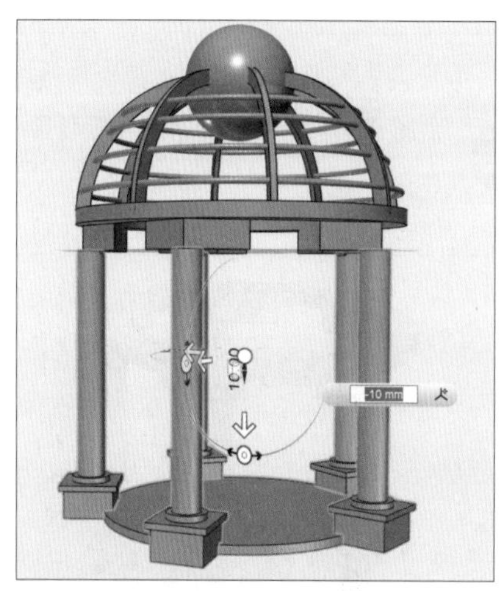

7 将亭子的所有结构件合并，得到制作好的亭子。

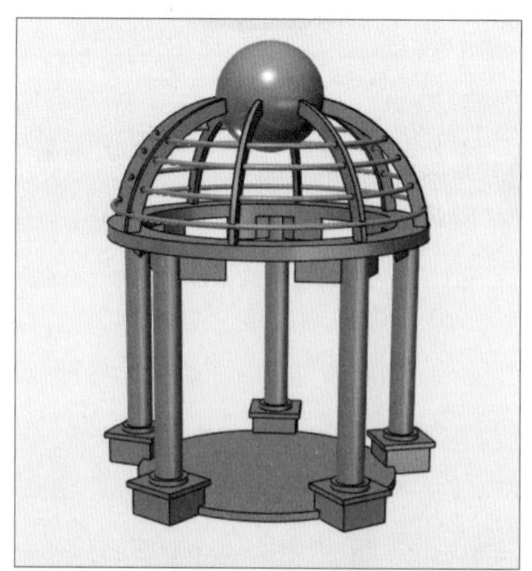

加油站

你还能设计出什么样式的亭子？（拓展任务奖励：经验值 50，2 颗智慧豆。）3D 打印的其他样式的亭子模型如图 14-3 所示。

图14-3 3D打印亭子模型

博物馆

园亭，是指园林绿地中精致细巧的小型建筑物。其可分为两类，一类是供人休憩观赏的亭子，另一类是具有实用功能的票亭、售货亭等。《园冶屋宇》中说：“《释名》云‘亭者，停也。所以停憩游行也。’说明园亭是供人歇息休憩的地方。”

单檐亭指只有一层屋檐的亭子，按平面形状可将其分为：多角亭、圆形亭和异形亭等，如图 14-4 所示。

组合亭由两个亭子拼接组合而成。如图 14-5 所示。

中国比较有名的亭子有：爱晚亭、兰亭、陶然亭、醉翁亭、湖心亭、放鹤亭、历下亭（见图 14-6）、沉香亭 、十王亭、景真八角亭等。

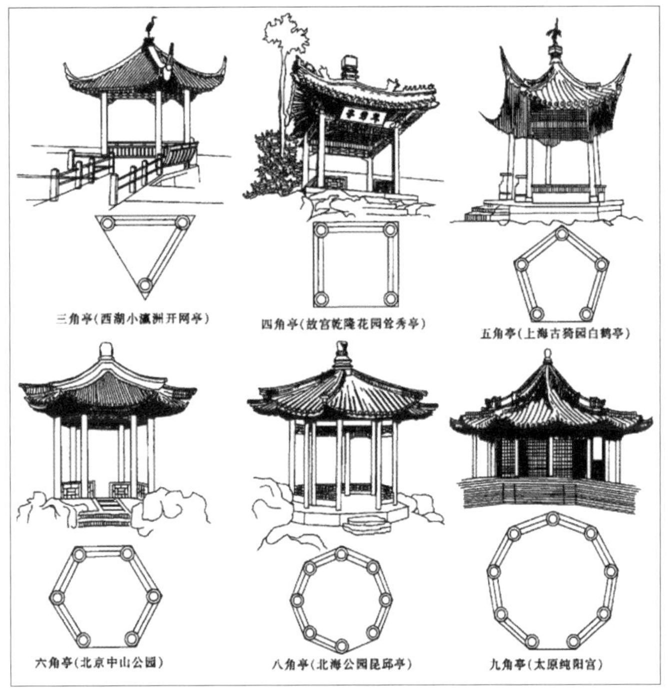

图14-4　单檐亭

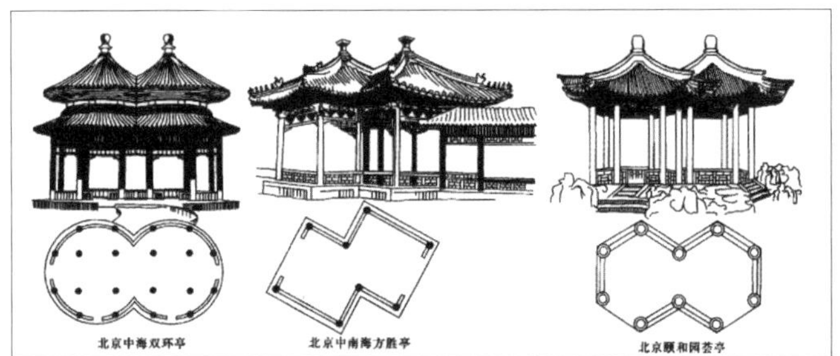

图14-5　组合亭

图14-6 历下亭

行动记录

以图文形式，将探索、制作过程中的收获或遇到的问题记录在表 14-2 中。

表 14-2　行动记录表

我探索的步骤是	
我探索的主要成果有	
我学会了	
我还需要做到	

任务评定

1. 作品展示

收集作品，在现场或通过网络平台进行作品展示。活动小组内部讨论展示计划，各活动小组推选“发言人”对成果进行介绍。

根据展示情况，将对各小组作品的评价和建议填写在表 14-3 中。

表 14-3 作品评价反馈表

小组或作品名称	作品闪光点	可改进建议

2. 表现评定

通过自评或互评的方式，统计个人在活动中的表现，思考后期努力的方向，将表现记录在表 14-4 中。

表 14-4 表现评定表

记录人： 记录时间：

<table>
<tr><td colspan="2">本次活动获得智慧豆</td><td></td><td>总智慧豆</td><td></td></tr>
<tr><td colspan="2">本次活动获得经验值</td><td></td><td>总经验值</td><td></td></tr>
<tr><td rowspan="2">当前级别</td><td rowspan="2">□实习生
□设计师助理
□初级设计师
□中级设计师
□高级设计师
□资深设计师
□设计总监</td><td rowspan="2">是否申请升级？
□是
□否</td><td colspan="2">审核确认升级：</td></tr>
<tr><td colspan="2">后期努力的方向：</td></tr>
</table>

项目 15　天籁之台

镇中心广场涌动的人群吸引了橙子的注意。

喜欢热闹的橙子："咦，那边好像有什么事情发生呢！"

浪漫的音乐家："在经典中穿行，在永恒中聆听，音乐是无所不能的魔法师，将声音化为无所不至的时光机，带领我们穿越过去未来。"

奔走相告的报童："号外号外，令人期待的'哆来咪音乐节'即将举办，镇长广发英雄帖，诚邀各路'音'雄来设计舞台啦！"

肌肉满满的浩哥："天哪，我可没有音乐细胞！"

自信满满的小艾："看我的！"

个人任务

成功设计制作一个 3D 音乐舞台模型，示例如图 15-1 所示（任务奖励：2 颗智慧豆）。

团队任务

1. 了解舞台有哪些类型？（任务奖励：每位成员增加 50 经验值。）

2. 了解舞台的设计要点（任务奖励：每位成员增加 50 经验值）。

图15-1　3D音乐舞台模型

活动计划

1. 组成活动小组，小组成员之间展开讨论，确定分工，填写表 15-1。

表 15-1　＿＿＿＿＿＿小组行动计划

作品名称		组长	
人员分工			
具体工作		参与成员	完成时间
使用 123D Design 设计制作 3D 音乐舞台模型			
了解舞台有哪些类型			
了解舞台的设计要点			

2. 设计草图。设计属于自己的 3D 音乐舞台模型，画出设计草图。

我的设计草图

行动指南

按照计划进行设计与创作，在此过程中根据团队实际情况，不断完善初始设计方案，改进作品效果。

训练营

1. 绘制舞台

1 使用“基本体”工具栏中的“长方体”工具，创建一个长为50mm、宽为100mm、高为2mm的长方体，再将其复制4个，通过移动形成台阶。

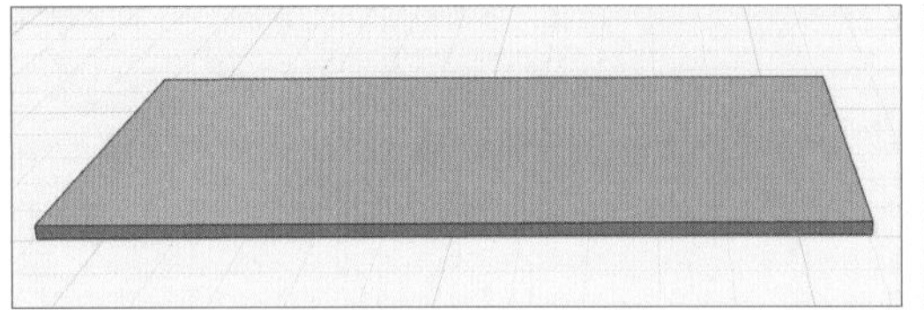
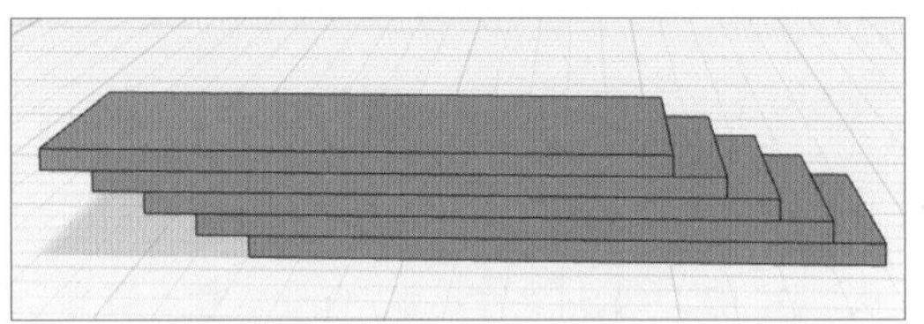

2 使用“拉伸”工具，将各台阶后面拉伸成一样的长度，将它们合并形成台阶。再创建1个主半径为30mm，次半径为1mm的圆环，然后以这个圆环的中心点为圆心，再创建2个主半径分别为28mm、26mm，次半径为1mm的圆环，将它们制作成彩虹的形状，并修改3个圆环的材质，使用“移动”工具将3个圆环移动到舞台中间。

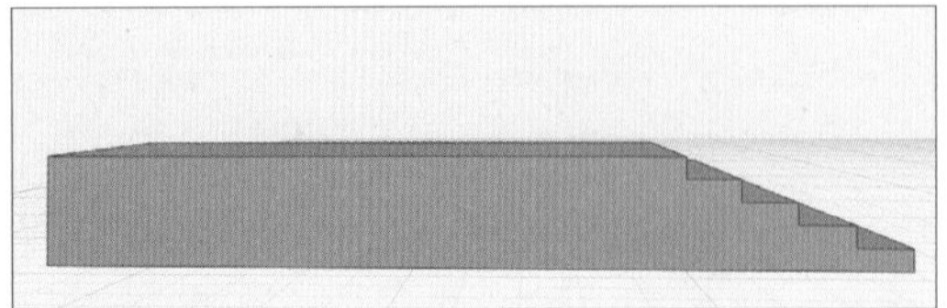
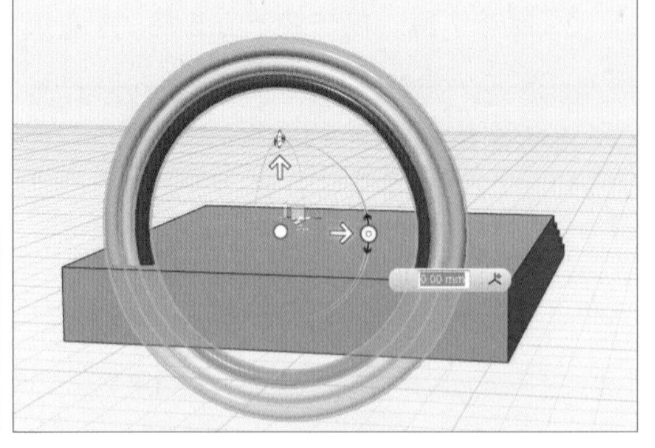

3 在舞台的底面创建一个草图长方形，使用“切割实体”工具，将圆环进行分离，再把底部的圆环删除。再使用“草图”工具栏中的“样条曲线”工具绘制出一个草丛的形状。

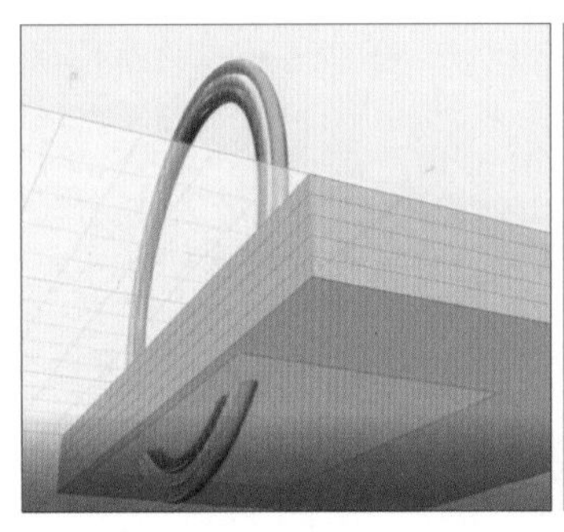
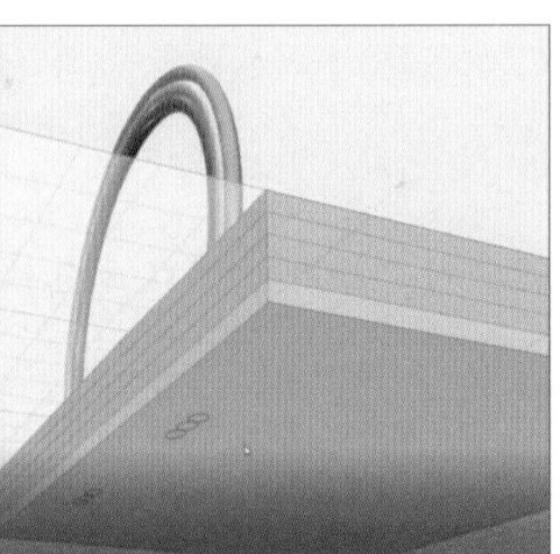
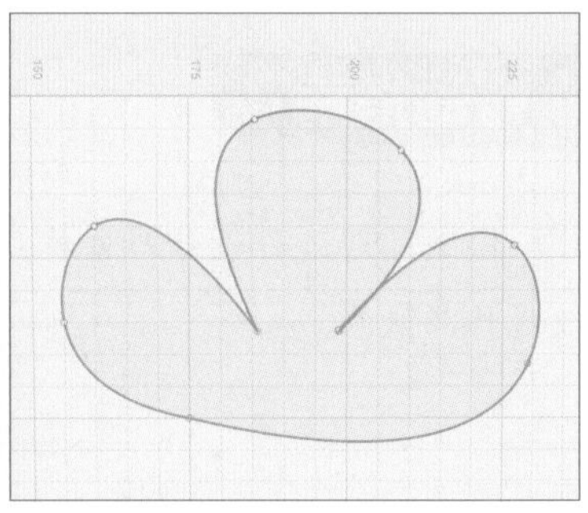

4 使用“拉伸”工具对草丛进行拉伸，然后将其移动到舞台上，适当调整草丛的大小和位置，使彩虹的一角镶嵌到草丛中。再复制得到另一个草丛，将其放在舞台另一侧，用来装饰舞台背景。在舞台前方，创建一个半径为 10mm、高为 10mm 的圆柱体，对其进行倒圆角，圆角半径为 1.25mm，做出一个鼓形状的前舞台。再创建一个半径为 0.8mm 的球体，放在鼓的侧面，然后对球体使用“环形阵列”工具来装饰这个鼓，再调整鼓的位置，将其放在舞台的正前方。

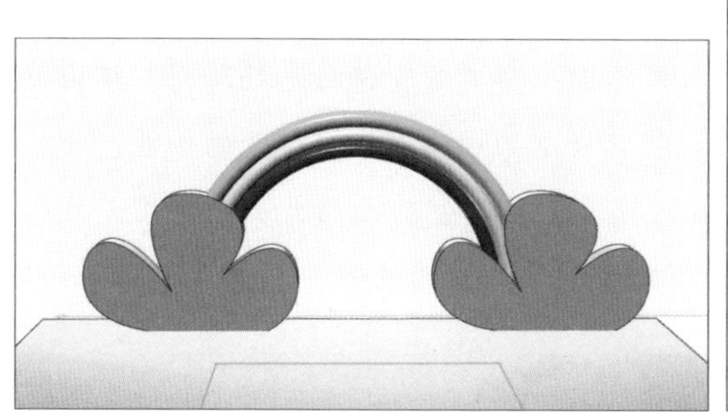

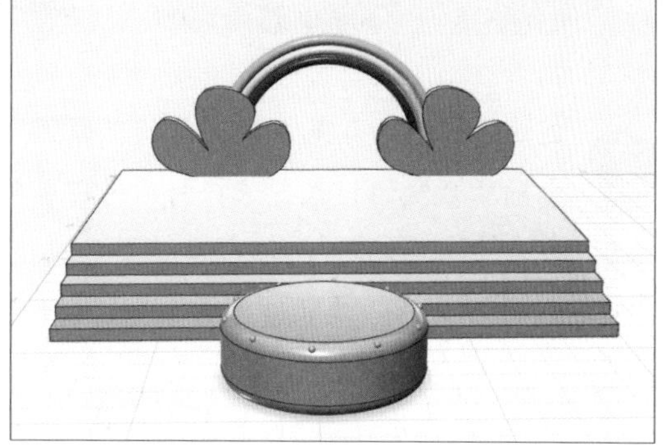

5 在平面上，用“草图”工具，绘制音符和太阳的形状。再将其拉伸实体后，调整合适的大小并移动到彩虹的上方，用来装饰彩虹。

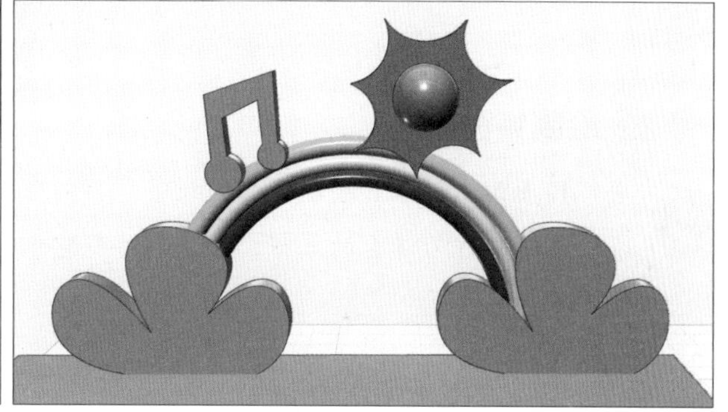

6 在舞台底部，使用“草图”工具画一条直线，再使用“切割实体”工具，将台阶进行分离。再移动多余的台阶到侧边，用“合并”工具合并台阶，使用同样的方法，在台阶底部绘制直线，进行实体切割，将台阶一分为二，将分离之后的台阶移动到舞台的两侧，适当调整台阶的大小，再合并舞台中间的长方体，调整鼓的位置，给舞台和台阶选择材质进行装饰，呈现出最终效果。

7 创建一个长方体基本体，使用“草图”工具绘制一条直线，进行路径阵列，摆出一排钢琴琴键的样式，选择材质进行装饰，将其设置为白键，调整键盘的位置，使其贴靠舞台的前方。单击白键，再复制粘贴出另一排，适当调整键盘的大小和位置，再次选择材质进行装饰，将其设置为黑键。这样就得到了钢琴琴键的效果。

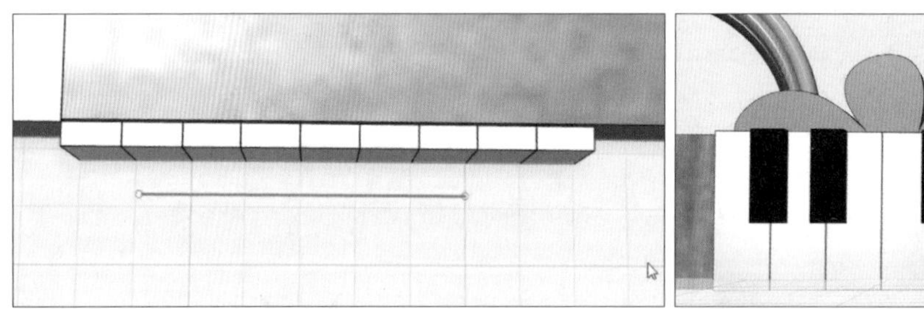

2. 绘制舞台背景

1 用“样条曲线”工具绘制弯曲的线条，再对它进行拉伸，整列拉伸出 7 个一样的线条，将它们作为舞台的幕布，注意不要将它们合并起来，这样看起来会更加美观。

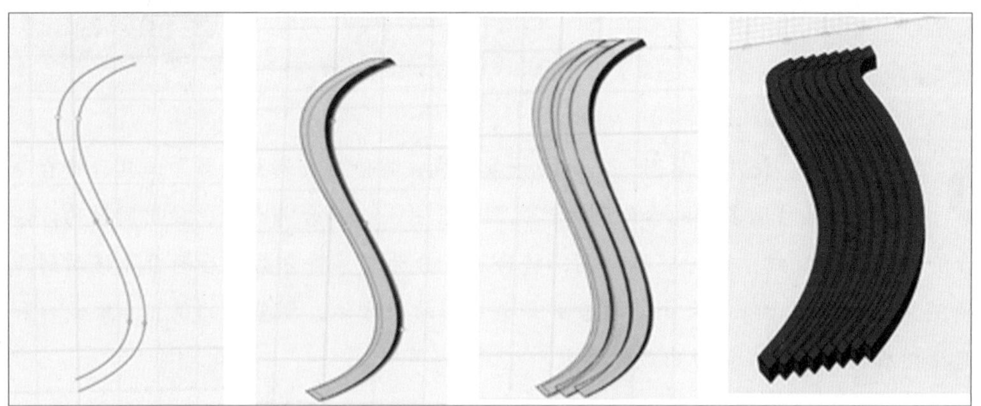

2 复制出另一个幕布，再将幕布移动到舞台后方，在移动的过程中，可以换不同的视图进行观察，给幕布更换材质，将绘制好的音符摆在上面进行装饰。使用“草图”工具绘制出一个长方形，偏移出多个相同的长方形，相隔进行拉伸制作出造型独特的音乐厅顶部，再将其移动到舞台上方。

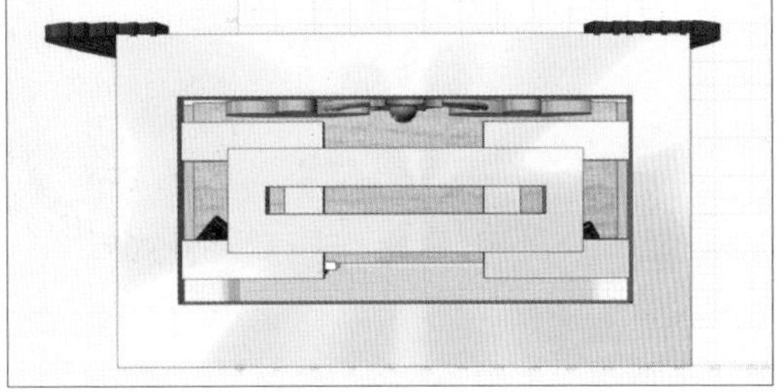

3 用学过的放样功能，将几个圆柱体圆角拼接在一起就可以完成我们精美的吊灯制作。使用“草图”工具绘制吊灯上半部的草图，进行拉伸旋转，再使用“草图”工具绘制吊灯的弯钩部分，拉伸其实体，适当调整大小和位置。再创建一个圆柱体，适当调整位置，对吊灯的弯钩部分使用“环形阵列”工具，成功制作吊灯。

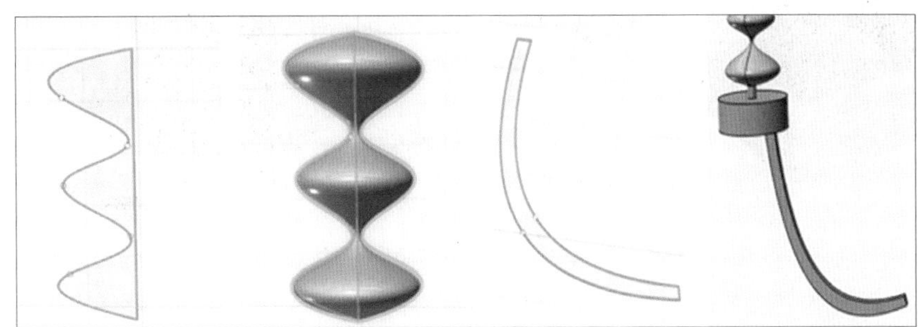

4 用放样功能做出灯罩，注意倒圆角。再创建 1 个半球体作为灯罩的底部，对其进行抽壳和智能缩放，移动灯罩到弯钩上，之后进行环形阵列。再为这个吊灯选定材质，这样就成功制作出灯罩了。

5 将吊灯和灯罩拼接在一起。

6 利用草图和放样功能做出射灯的 3 个部分，将它们拼接成射灯，注意倒圆角。复制粘贴出另一个射灯，再将它们移动到舞台上适当的位置。

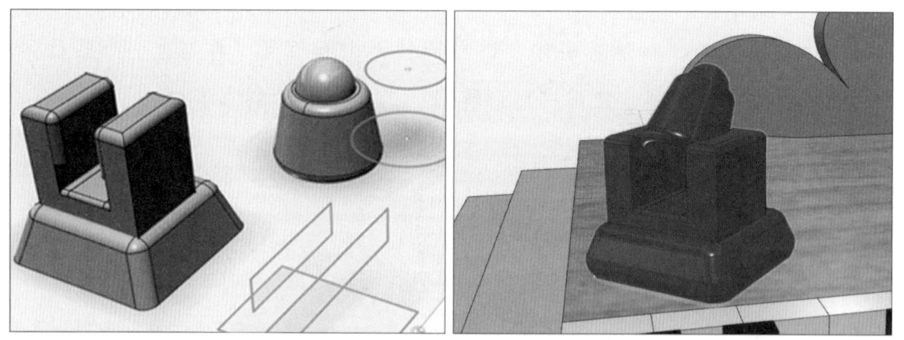

7 创建圆柱体作为话筒，创建几个圆环套在话筒上，使用相减功能去掉其相交的位置。创建半球体用来装饰话筒，再利用几个圆柱和半球体拼接制作话筒架，对其进行环形阵列，选定材质，并将其移动到舞台上。

8 最后将各部件摆放在相应的位置，选择自己喜欢的材质和颜色，这样舞台就制作完成了。

加油站

想一想，如果我们将音乐舞台的外部结构设计出来，打印的时候选择透光的材料，再结合开源硬件电子控制电路，效果是否更加震撼？音乐舞台整体示意图如图 15-2 所示。

图15-2　音乐舞台整体示意图

博物院

舞台设计是以“舞台”为标的物的设计，更细地说是以舞台设备、灯光、布幕、音响、演出道具、悬吊与更换支架系统、戏服、戏妆为标的物的设计。与展示设计雷同的是这些标的物都是“配角”，要由“表演活动”来当主角。另外，舞台设计还具有剧情配合的时间向度的特性。

我们大致可将舞台分为露天野台、流动舞台、室内舞台 3 种，而在舞台设计的发展上，西方国家与我国也各有不同。

在西方的文艺复兴时期，舞台设计有较大的技术突破，包括镜框式舞台、透视布景、假透视、快速（旋转）更换的侧幕系统等，这不仅使以戏剧与歌剧为核心的“舞台”设计，成为西方舞台设计的主要工作内容，还通过文艺复兴运动，使这种舞台设计从意大利快速地传遍欧洲。

就舞台设计所处理的内容而言，主要有观众席、舞台、后台三大部分，观众席包括座席、

音响环境、视角视野、进场出场路径、物理环境；舞台包括灯光、布幕、音响、演出道具、悬吊与更换支架系统、戏服、戏妆等；后台包括换装化妆、文武场（乐队）、过场通道、基本道具陈放及准备出场空间等。所以设计舞台需要了解表演活动（或戏剧演出）的相关知识，以及舞台绘画、道具制作（美术工艺）、舞台灯光、道具与服装式样演变方面的知识，还需要知道音乐与戏曲的相关知识、音响控制的相关知识等。中国传统的戏曲舞台如图 15-3 所示。

图15-3　戏曲舞台

行动记录

使用图文形式，将探索、制作过程中的收获或遇到的问题记录在表 15-2 中。

表 15-2　行动记录表

我探索的步骤是	
我探索的主要成果有	
我学会了	
我还需要做到	

任务评定

1. 作品展示

收集作品，在现场或通过网络平台进行作品展示。活动小组内部讨论展示计划，各活动小组推选“发言人”对成果进行介绍。

根据展示情况，将对各小组作品的评价和建议填写在表 15-3 中。

表 15-3　作品评价反馈表

小组或作品名称	作品闪光点	可改进建议

2. 表现评定

通过自评或互评的方式，统计个人在活动中的表现，思考后期努力的方向，将表现记录在表 15-4 中。

表 15-4　表现评定表

记录人：　　　　　　　　记录时间：

<table>
<tr><td colspan="2">本次活动获得智慧豆</td><td colspan="2"></td><td>总智慧豆</td><td></td></tr>
<tr><td colspan="2">本次活动获得经验值</td><td colspan="2"></td><td>总经验值</td><td></td></tr>
<tr><td rowspan="2">当前级别</td><td rowspan="2">□实习生
□设计师助理
□初级设计师
□中级设计师
□高级设计师
□资深设计师
□设计总监</td><td rowspan="2">是否申请升级？
□是
□否</td><td colspan="3">审核确认升级：</td></tr>
<tr><td colspan="3">后期努力的方向：</td></tr>
</table>

项目 16　挑战自主创意

老教授：“咳咳，大家好！经过学习，大家设计了美丽的花朵、时光邮筒，还有汽车、飞机、小船等工具，现在，需要大家深入观察生活，用智慧的眼睛，去发现那些能够借助 3D 打印技术来完善的地方。出发吧，了不起的设计师们！”

小艾、蛋蛋、橙子、阿杜、浩哥（齐声）：“请交给我们吧！”

个人任务

完成一件自主创意的 3D 打印作品（任务奖励：4 颗智慧豆）。

自主创意示例如图 16-1 所示。

图16-1　挑战自主创意

团队任务

1. 组织活动小组，将活动小组成员的作品集中起来，形成一个作品组合（任务奖励：每位成员增加 100 经验值）。

2. 推选活动小组“发言人”，大家都来帮助他 / 她，将你们的作品故事讲给大家听（任务奖励：每位成员增加 100 经验值）。

行动计划

1. 组成活动小组，小组成员之间展开讨论，确定分工，填写表 16-1。

表 16-1 ＿＿＿＿＿＿ 小组行动计划

作品名称		组长	
人员分工			
具体工作		参与成员	完成时间
使用 123D Design 设计制作创意作品			

2. 设计草图。设计属于自己的创意作品，画出设计草图。

我的设计草图

行动指南

按照计划进行设计与创作，在此过程中根据团队实际情况，不断完善初始设计方案，改进作品效果。

训练营

活动小组成员可以分头设计作品的各个部分，然后把零部件拼装起来；也可以将各自的作品摆放到一起，构造一个故事的场景。这就要求在工作开始之前，团队成员应该就最终作品的形态和任务分工达成一致意见。作品组合示例如图 16-2 所示。

图16-2 作品组合

借助表 16-2，我们来思考活动小组的创意计划，确定小组作品的名称、功能和外观。

表 16-2 ____________ 小组创意计划

我们希望解决什么问题？	
作品的使用者会是什么人？	
为了解决这个问题，小伙伴们提出了哪些办法或创意？	
在这些创意中，我们最喜爱的作品特点是什么？	
设想一下作品完成后人们使用时的场景，能不能用一个小故事来描述？	

我们还应该想一想，如何能够更好地将自己的作品介绍给大家。例如手绘海报、拍摄小视频、讲述小故事、表演小话剧等，都是很有意思的表达方式。

加油站

与书法“描红”类似，我们可以测量实物的尺寸，然后在 123D Design 中进行“克隆”，这也是一种很有趣的学习方式。俗话说“工欲善其事，必先利其器”，图 16-3 中所展示的几种常见测量工具，你能说出它们的名字和用法吗？

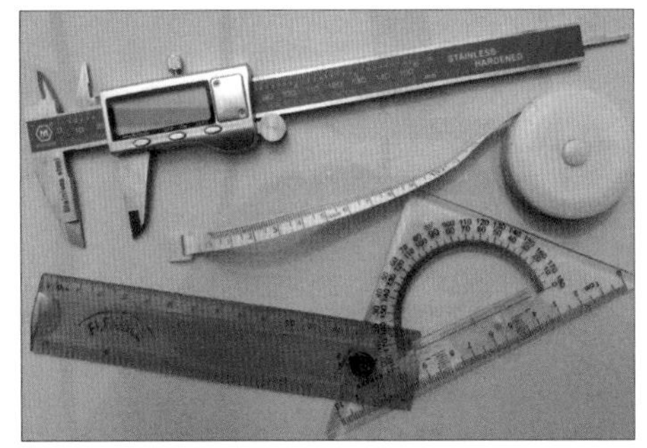

图16-3 常见测量工具

工具的使用都有一定的规范。以直尺为例，在测量过程中，直尺的刻度应紧贴被测物体，沿测量需要的方向放置，不能歪斜。读数时，测量者的视线要与尺面垂直。请观察图 16-4，说一说 A、B、C、D 哪种测量方法符合要求？

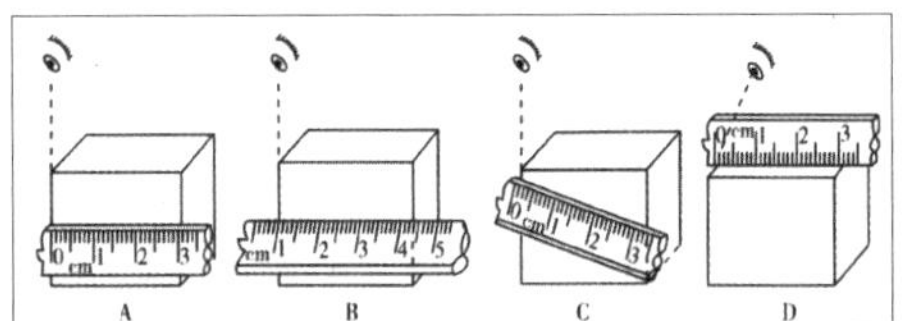

图16-4 测量长方体的边长

游标卡尺是人们广泛使用的一种高精度测量工具，能够测量物体的长度、内外径、深度等。特别是带有数字显示功能的游标卡尺，如图 16-5 所示，会让我们的测量工作更加轻松。

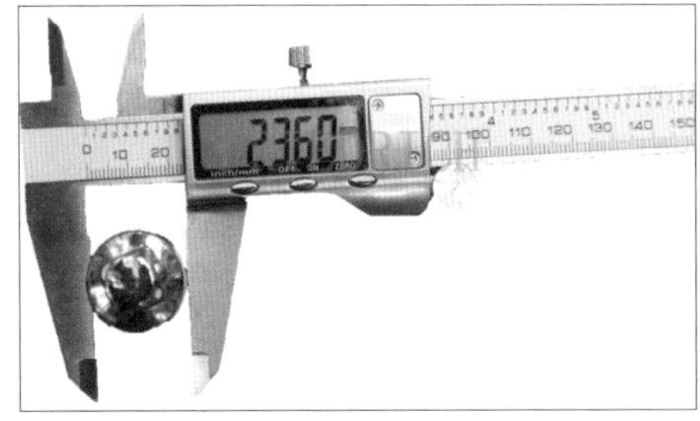

图16-5 游标卡尺

以测量玩具房屋的尺寸为例。在草稿纸上绘制出玩具房屋的草图，然后一边测量，一边在草图上标注数据。注意 123D Design 的默认长度单位为 mm，所以草图上标注的长度数值，也应该使用 mm 作为单位。

博物院

3D 模型打印完成后，除了使用丙烯颜料上色，我们还可以用 3D 打印笔来做装饰，如图 16-6 所示。特别是一些难以使用软件塑造的细节，例如树枝、头发等，使用 3D 打印笔更容易制作效果。一起来试试吧！

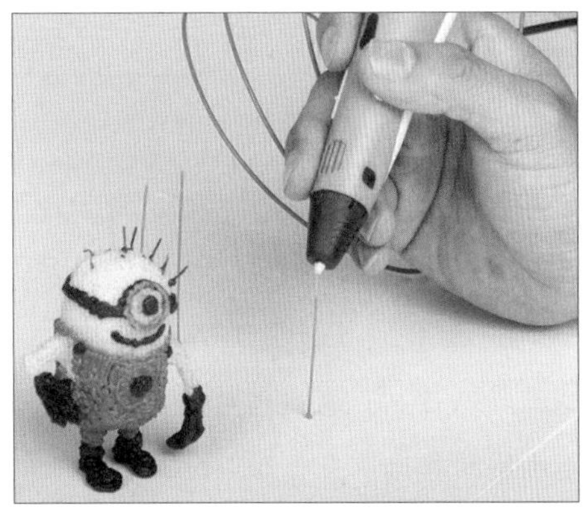

图16-6 巧用3D打印笔做装饰

行动记录

以图文形式，将探索、制作、分享过程中的收获或遇到的问题，记录在表 16-3 中。

表 16-3　行动记录表

我探索的步骤是	
我探索的主要成果有	
我学会了	
我还需要做到	

任务评定

1. 作品展示

收集作品，在现场或通过网络平台进行作品展示。活动小组内部讨论展示计划，各活动小组推选“发言人”对成果进行介绍。

根据展示情况，将对各小组作品的评价和建议填写在表 16-4 中。

表 16-4　作品评价反馈表

小组或作品名称	作品闪光点	可改进建议

2．表现评定

通过自评或互评的方式，统计个人在活动中的表现，思考后期努力的方向，将表现记录在表 16-5 中。

表 16-5　表现评定表

记录人：　　　　　　　　　　记录时间：

<table>
<tr><td colspan="2">本次活动获得智慧豆</td><td colspan="2"></td><td>总智慧豆</td><td></td></tr>
<tr><td colspan="2">本次活动获得经验值</td><td colspan="2"></td><td>总经验值</td><td></td></tr>
<tr><td rowspan="2">当
前
级
别</td><td rowspan="2">□实习生
□设计师助理
□初级设计师
□中级设计师
□高级设计师
□资深设计师
□设计总监</td><td rowspan="2">是否申请升级？
□是
□否</td><td colspan="3">审核确认升级：</td></tr>
<tr><td colspan="3">后期努力的方向：</td></tr>
</table>